情商的迷思

一种动物精神的导论

丁健雄 著

QINGSHANG DE MISI
YIZHONG DONGWU JINGSHEN DE DAOLUN

时代出版传媒股份有限公司
安徽文艺出版社

图书在版编目（CIP）数据

情商的迷思：一种动物精神的导论/丁健雄著.—合肥：安徽文艺出版社，2019.1
ISBN 978-7-5396-6562-7

Ⅰ.①情… Ⅱ.①丁… Ⅲ.①情商－研究 Ⅳ.①B842.6

中国版本图书馆CIP数据核字(2019)第015457号

出 版 人：朱寒冬
责任编辑：刘 畅 张 磊 装帧设计：邵 定 徐 睿

出版发行：时代出版传媒股份有限公司 www.press-mart.com
　　　　　安徽文艺出版社 www.awpub.com
地　　址：合肥市翡翠路1118号 邮政编码：230071
营 销 部：(0551)63533889
印　　制：安徽新华印刷股份有限公司 (0551)65859551

开本：787×1092 1/32 印张：5.875 字数：120千字
版次：2019年1月第1版 2019年1月第1次印刷
定价：48.00元(精装)

(如发现印装质量问题，影响阅读，请与出版社联系调换)

版权所有，侵权必究

献给那些给予我启蒙与灵感的人

和三年的政治、经济、哲学(PPE)时光

目　　录

前言 / 1

第一章　情商的迷思 / 1
　1.1 从这里说起 / 1
　1.2 情商的迷思 / 10
　1.3 作为"智性"的情商 / 18

第二章　动物精神 / 29
　2.1 动物精神 / 29
　2.2 哲学的故事 / 36
　2.3 颅 / 48
　2.4 不理性的力量 / 54

第三章　共情 / 69
　3.1 风雪夜归人 / 69
　3.2 思考题 / 72

3.3 人性:大卫·休谟和他的情感主义伦理学 / 75

3.4 同情:亚当·斯密和他的《道德情操论》/ 80

3.5 恻隐:儒家之"仁" / 88

第四章 读心 / 98

4.1 六感 / 98

4.2 读心(上)(理论说) / 103

4.3 读心(中)(模拟说/共情说) / 106

4.4 读心(下)(综合说) / 113

第五章 同情的基因 / 137

5.1 演化 / 137

5.2 镜像 / 141

5.3 模仿 / 147

5.4 异常 / 153

第六章 一种人文素养 / 159

6.1 成其为人 / 159

6.2 人文情商 / 166

后记 / 174

前　　言

我猜挺多作者写起前言都乐在其中，毕竟这是作者为数不多的在一本书里能撇开一种特定的姿态，神色轻松地叨唠两句的部分。前言或许也是阅读体验最好的部分，因为作者终于肯开口"说人话"，甚至"说得人民群众都笑起来"。尽管这种好感转瞬即逝。

我还记得初中一日傍晚，时值盛夏，天空的湖蓝色阴沉下来，家不远处的夜市刚刚噪起来。我实在无心解面前这群怎么也解不开的数学题，顺手合上《奥林匹克讲义》，穿堂风又把它吹开。我开始百无聊赖地翻这本书，灯光嗡嗡打在前言上。前言里的作者好像脱胎换骨，他不再百般刁难，转而坦言对"数学焦虑"的谅解，又说看似深奥和复杂的数学本质常常简单而又直接，就像华贵的宝石，在朴素的衬托下最显华丽。你可以说惊喜就是生活中没用的东西，比如不长粮食的峭壁，比如碧波倒影，但这段文字却清新扑面而来。很遗憾的是，也不知道是作者因为这种简洁美而舍弃翔实的解释,还是我自身天赋平平,我再也没体会过前言中的数学之美。但另一方面,我一直还挺惦念这段富有人文气息的文字,而且在那之后我对数学也另眼相看,我觉得数学可以是艺术,数学爱好者可能是诗人。

后来我养成了看书先看前言的习惯,时间充裕的话。很多作者喜欢在前言讲一个自己童年的故事,或是一段轶事,即使这个故事不能免俗,这段轶事并不好笑。但这不妨碍我阅读前言的兴趣,一来,觉得作者笨拙地讨好读者的样子很好笑,二来,这也能提醒我,即使书的内容再艰涩,写书的也是一个鲜活的灵魂,即使并不那么有趣。我觉得类似前言这种鲜活的语言,不论是接地气的论调,还是掰开来揉碎了的叨唠,对传递思想都非常有帮助。它有助于打破一种交流和认知上的隔膜,也能营造一种轻松的氛围。因此这也是我在这本书里会一以贯之的语言:鲜活的、最好也能是有趣的(希望如此)。

到现在还没说这是一本关于什么的书,书名也奇奇怪怪。这本书围绕**情商**展开,具体来说,我**尝试给"情商"铺垫一个哲学基础,尝试整合"作为一种被严格定义概念的情商""一种唯心的、非理性主义的认识论"和"一种情感主义伦理学"**(主旨)。之所以拖到现在才明示本书的核心内容,是因为情商这个概念,在当代的语境下,被赋予了争议的标签,而有些标签难逃功利世俗。因为迎合了某种群体的焦虑,这些标签在一些人群中被趋之若鹜,又极大满足了信息商业化的需要。但另一方面,这种标签又使得另一群人嗤之以鼻。这群人中一部分对人性富有洞见,因而不能免俗的信息难入他们的法眼。另一部分人,**即本书的受众**,即使对情商这一概念本身心怀好奇,但碍于其被俗化的标签,也难免敬而远之了。我曾经想过为"情商"择一替身,诸如"情感能力",以便打消一些读者先入为主的认知,但因为"情商"使用起来太过方便,且其本身也无过,遂作罢。这也是我将一段和本书内容不那么有关的文字置于前言之首的原因,希望一段"无关紧要"的描写能冲减对"情商"先入为主和不免油腻的认知。

另一方面,我在书名中使用"**动物精神**",毕竟是书名,抽象一点也无所谓。"动物精神"描述了我对情商的感知,之所以是感知而不是认识,说明它并不准确。但这并不影响这种形容的价值,比如它的画面感,比如它在直觉上的张力。至于这种**直觉的内涵**是什么,在本书第二章中,将会有一个答案。而这种带有**直觉主义**色彩的描述,也将是本书在认识论上选择的立场。换言之,我倾向于认同,在某些时候,直觉认知比经验和逻辑,更容易使人对一些抽象事物产生认识或共鸣。当然也正因为这种直觉主义的定调，使我将本书定位为"**导论**"。从这个角度来说，如果把有些作品比作"大餐"，这本书更像是"餐前酒"：如果这本书能使读者在直觉层面上，对人的行为模式以及情商这一概念，有启发性的认识，这本书的目的也就达到了。至于需要经验和理性发挥作用的内容，就留给那些在读完本书后留有共鸣的读者，自己日后摸索吧。

这本书也难免要探入其他人文领域。这并不意味着书中的内容会像民间科学和神棍所鼓吹的那套一般，成胡吃海喝状。相反，我所接受的学术训练，如果让我真切认识到什么的话，就是任何在人文领域的讨论，都必须在一种**文化框架**下进行，而这种框架必然是不同学科间**交互状**的。即使聚焦到情商这一概念，这一点仍然适用。心理学巨擘、耶鲁大学校长 Salovey 曾强调人文学科（包括哲学、社会学、艺术等）的浸染能够极大帮助个体处理不确定性，理解错综复杂的环境，并与他人产生共鸣，因而对情商的培养至关重要。上文所提到的"动物精神"便是一例。"动物精神"出自人类历史上最伟大的经济学家（私以为）凯恩斯的著作《通论》。（虽然我没啃下原著，这也没什么好惭愧的，自凯恩斯之后的经济学界，即使是那些巨擘也不敢妄言自己读懂了《通论》)。这一概念凝练了凯恩斯对人性和市场制度的洞见,成为能与马克思"剩余价值"理论相匹敌,解释经济危机的利器。这种凭借在人文领域深厚积淀形成的思想,而与充满不确定性的市场及其参与者**博弈**的过程,无疑是情商至高的展现。

我十分清楚,直到现在我对本书的核心概念"情商"仅做了蜻蜓点水,并没有慷慨地赋予"情商"一个定义,甚至连具象的描述都没有。如果读者足够细心的话,我在上一段最后,将"情商"描述为一种博弈。博弈涉及对自我行为策略的认识与控制,以及对他人行为策略的识别和影响,在这里情商将被定义为一种"对情感信息接收、处理和输出的能力"。我将在第一章对这一论点进行详尽的论述。鉴于本书若干章节**内在联动**的特征,在第一章中,我才会把整本书的架构(结构)铺展开来,并对章节间的关联性加以阐明。从这种意义上来说,本书的第一章将类似一个展开版的前言,只不过相较于前言,第一章将聚焦在"情商"这一概念上。

最后,关于我为什么动笔写这本书。在还没有工作的年纪,我就幻想有朝一日赋闲下来,做自己想做的事情,比如写一本书。在那时我会有足够的时间,也有足够的沉淀和素材。我也能有足够平和的心态去面对作品的非议,或者写作的失败。但我又实在无法忍受那些鲜活的思考和语言,隐匿在被阳光长时间炽烈照耀,但雨露迟迟没有到来的干渴焦躁的草丛,在脑海中画地为牢,又呼之欲出。也不愿去设想,这种兴奋磨成心头一道坎,一边一片绿意,一边一片荒芜。与其叶公好龙,一延再延,不如现在动笔,把六便士放一放,抬头看会儿月亮。

2018 年 除夕

写于伦敦

第一章　情商的迷思

情商,在一种反智主义的时代背景下,像巴比伦塔一样,似乎成了一切不是智商,但对成功有正面影响的因素的杂烩。

——我

1.1 从这里说起

窗户蒙上一层水雾,模糊了窗外挤在街上挪不动路的车辆和黑压压一片来接小孩放学的家长。上午最后一节课上课铃打完,也到了沿街小饭馆起灶的时候。教室里暖气烧得噼啪作响,被加热的空气里掺着沿街小饭馆劣质油烟的味道,重油重盐。

王老师正在讲课,她尽职尽责尽可能地多说,可说得越多,能得到的听众就越少。她瞄了一眼教室,五六十人的课堂,认真听的只有几位,还是那种每个字都听得见,却一句话也不懂的。

王老师是我初中的语文老师,年过半百的女士,清汤挂面的短发,身材瘦小。王老师从来不跟我们发脾气,三年下来,她的课早有一套不成文的约定。课听也可,不听也可,看书也可,小憩也可,只是不许大声说话,提怪问题。双方都清楚,彼此只不过是在履行各自毫不相干的义务。我考我的升学考,她领她的柴薪银。

下课前十五分钟,王老师拍了拍手上的粉笔灰:"今天到谁演讲了?"

多亏了"演讲",王老师的课终于和素质教育挂上钩。每到有领导视察,她都会钦点"腹有诗书气自华"的课代表准备一篇立意高远、辞藻华丽的演讲作为保留节目。其他时候,按学号轮,只要题材不反动,她都会说好。

"是我。"我抄起抽屉里那本《人性的弱点》就往讲台上走。那会儿街面上特流行这类题材。书店里畅销书架上十本有八本都是类似《人性的弱点》《让你受欢迎的××个诀窍》的书,剩下多半是关于养生和排毒的。

"大家好,我今天和大家分享一则《倾听的艺术》。"

"美国内战情况最黑暗的时候,林肯写了封信给一位老朋友,请他来华盛顿讨论关于解放黑奴的问题。林肯滔滔不绝地把这项行动赞成和反对的理由以及社会上的评价都加以研讨，老朋友在一旁静静地听着。这样谈了几小时后，林肯和这位邻居老朋友握手道别，送他离开白宫。林肯并没有征求这位老朋友的意见，所有的话都是他自己说的，而他说出这番话后，心里似乎舒畅多了。这位老朋友后来这样说：'林肯跟我谈过这些话后，他的心情舒畅了不少。'是的，林肯不需要这位老朋友的建议，他眼前所需的是有一个倾听的人，借以发泄他心里的苦闷。当我们在苦闷、困难的时候也有这样的需要！所以，你如果要别人喜欢你，第四项原则是：做一个善于静听的人，鼓励别人多谈谈他们自己。"

讲完之后正好打下课铃，是《土耳其进行曲》。老师一如既往带头鼓掌，同学们鼓掌、收拾东西、张牙舞爪，尽可能地闹大动静，宣示对片刻"放风"的主权。沸沸扬扬里，教室里充满了快活的空气。

"大家喜欢这个故事。"我想。

午饭的时候多给自己加了一块鸡排。

老实说，我那时候还挺信卡耐基那一套的，不过，有时也会有疑惑，比如这个故事里，卡耐基一个做演讲的，上哪去追索百年前林肯和一个连名字都叫不上来的"老朋友"的故事？就算历史上有证可寻，卡耐基他老人家怎么就能拍着胸脯说，林肯先生"只需要一个能倾听他心中苦闷的人"，凭什么就不能是"林肯先生觉得面前的'老朋友'并不能给自己什么建议，只好礼貌地把他请出白宫"？尽管如此，我还是虚心在校园生活中践行这些"谆谆教诲"，并一度自我感觉良好。

那时候，这种感觉良好，不论是在"演讲"后还是生活中，都有挺大的认知偏差。我的初中作为一个小社会还是很有代表性的：线性的生活，目的只有一个——好好学习，提高成绩。就像小庙，清茶淡饭，板鞋破钵，清规戒律，晚睡早起，甚至发型都很相似，只为悟得大道，修得正果。如果六根不净，四大不空，那注定是要在魔道中轮回，看不破人我两忘，得不到涅槃超脱。这里，交际也好情商也罢，既无从谈起，也无处稽考，毕竟大多提升情商的尝试，在这种环境下都罕有有效的反馈，而你也不能否认尝试做一个人情精明的小和尚是不太受待见的，除非熬成了老方丈，屁股决定脑袋，免不了沾一沾滚滚红尘。

高中不一样了。

我的高中还是兼有人文情怀和**烟火气息**的。国庆节一场雨雾之后,青灰的墙外,枣红的屋顶下,满地的梧桐落叶,掩不住的民国气息。放学铃响后,学生汹涌而出奔向后门口的小吃街,还有小情侣淹没在人群中,狭窄的街道溢满油香和少年心气,枝繁叶茂,万物生长。这种雾气和烟火气恰到好处的比例,是其他学校无法相提并论的,比如隔壁那所驰名中外的学校,身后成了城市里酒精和计生用品消费最多的天堂。

这种烟火气当然不限于后门的小吃街。更多元的生活维度,更广泛的交往空间和更大的自由度,遇见烟火气一点就燃,燃成一种"剑与斗篷"般的"**戏剧冲突**"。这并不意味着假仙假怪地把生活酿成一出戏;相反,你不能否认人类在漫长的演化过程中,与广袤无垠的自然和形形色色的同类,产生了千头万绪、错综复杂的冲突。这种冲突未必非要是"与天斗、与人斗",它也可以**小到尘埃里**,如高尔基所言,是一种个体之间的性格信仰、精神世界的不合,是鲜明性格的冲突。

这种冲突在一个高度线性化的环境下可以被掩盖(比如我小庙一样的初中),但是当(而且是不可避免地)**探入更深层次的社会互动**的时候,这种性格和精神的"冲突"必然不是居庙堂之高、处江湖之远的,它是无处不在的。

至于我,高中老师眼中的"好孩子",偶尔马失前蹄,被一语成谶"乖孩子容易犯大错"。但很幸运的是,我在那时候有意识地认识到社会生活中"**冲突**"溢于言表的美感,那种在冲突里芸芸众生相的千姿百态、纷繁复杂之美。

如果说,在社会中生活,每个人都有着自己的一套逻辑体系,这套逻辑体系有如下相互关联的特征:

1. 它是由自我认识、世界观、心智与行为模式等组成的,而其基础往往是**经验**。

2. 它是有**有效边界**的。

3. 它是**自洽**的(越过有效边界则可能导致不自洽)。

那么高中一系列的"冲突"(当然不必是苦大仇深的冲突,也可以是心思浮动、乐此不疲的小斗争)则横刀立马地突破了我之前戒律清规中树立的"有效边界",在"自洽"失序中,我懵懵懂懂建立起了一些认知和思索,这也是这本书一些章节的前身,包括但不限于:

1. 思考"人"的**共性与个性**。在人类层面上,个体在何种程度上和所有人相似,体现出他作为一个"人"与生俱来的特征;在群体层面上,在何种程度上和某一个群体的相似,体现出这个群体的特征;在个体层面上,他具有怎样的独特的、不可复制的特征。

2. **认识论**的转向。生而为人,却不一定理性。千姿百态、纷繁复杂的社会生活,好像并不能用理性去解释,而唯有诉诸这样一种**概念**:它是笛卡尔的错误,叔本华的"意志",诺奖经济学家追捧的非理性,凯恩斯的**"动物精神"**。

3. 尝试对情商进行刻画,用"输入维度",即对情感的敏感与捕捉能力以及"输出维度",即对情感的影响和型塑能力,两个维度进行描摹;并在这两个维度背后,寻找一种**规律**,即**"共情"**。

一方面,这些小思考燃起了我对人文领域的兴趣,直接促成了我在大学学习政治、经济、哲学(PPE)的决定。当然在大学的学习过程中,我意识到这些思考虽然未被整合到一个统一的框架中,却也已经有很成熟的实验、实证分析,甚至数学模型去研究与刻画,进而让我产生了一面失落一面庆幸的心理活动。言过其实地说,就像杨小凯出狱后,发现自己在狱中推导的边际效用理论、纳什议价模型,已经被发展成系统的数学模型的那种怅然若失。

另一方面,回到之前"演讲"的故事,我也很清楚地意识到了,包括类似《人性的弱点》《让你受欢迎的××诀窍》,还有数不胜数的微信公众号等等一类的励志情商指导手册的**通病**,包括:

1. 重经验说教(anecdotal descriptions),轻逻辑推理,无批判思考。直接的不良影响就是,读者不知道什么时候用、用哪些有关情商的技巧,尤其当社会互动探入更深层次的时候(缺乏可操作性或统御性的原则)。

2. 不能从认识上让人"醒悟",无法让人产生一种社会互动中的"**敏感**"(缺乏直觉上的认识或认识论的基础)。

即如果将关于情商的一切知识比作一座金字塔,诸如《人性的弱点》或提供了金字塔的砖瓦,即"**器**"层面的技巧。但金字塔没有封顶,塔尖是空缺的,换句话说,在对情商的认识上,"**道**"层面的认识是遗漏的,这种"道"层面的认识包括但不限于:

1. 情商是什么?它能不能被严谨定义?(第一章后半部分)
2. 如果情商的意义在于推动人与人的互动,那么这种互动的**前提**,即人的**认知和行为的基础**是什么?(第二章将议论为什么一种唯心主义的认识论,有助于我们思考情感和不理性对人

类行为的意义）

3.鉴于人认知和行为的基础范式,"有一言于情商而可以终身行之者乎"？即情商的**核心**是什么？这种核心能不能形成一种对于情商技巧**统御性的原则**？（第三章尝试从情感主义伦理学［休谟、亚当·斯密和儒家思想］中提炼"**共情**"的概念；第四章探讨作为社会互动核心的共情机制；第五章呈现关于共情机制在实证研究中的证据）

4.人文、艺术、社会和自然科学生气勃勃的争论的主角总是"人"（尽管这种人类中心主义的思潮随着后人类主义的崛起也在面临冲击）：人是什么？人何以成其为人？（第六章既是这本书的终点，如果有幸，也能成为某种人本思索的起点，来响应苏格拉底的号召："人啊，认识自己。"）

到这里,故事讲完了,这本书的架构和部分章节的关联也铺陈得差不多了。

这个章节剩下来的一半,就用来讨论这一个问题吧："情商是什么？它能不能被严谨定义？"

1.2 情商的迷思

(注:迷思,英文 Myth,又译作"**神话**""**谬误**")

泡在政治经济学的三年里,我遇到过一些有意思的著作。这些著作除了洞见深刻兼有可读性,愣是能把宏大又抽象的发现写成**悬疑小说**。比如,帕特南研究现代意大利制度改革 20 年时,发现南北发达程度、制度给力程度大相径庭的原因,或许来自公民在文化上的宽容与信任的差异,而这种差异能追溯到 1000 年前,意大利半岛北部不同的制度,即城市共和国或是诺曼王朝专政,所型塑的公民精神的差异——《使民主运转起来》。又或者,阿西莫格鲁、简森、鲁宾森发现南北美洲的富饶,在欧洲殖民者出现的数百年后轮回,而这种轮回起源于殖民者在南北美洲,机缘巧合建立起的不同政治制度——《国家为什么会失败》。

这又和本章有什么关系呢? 一方面,按照这些制度经济学家的思路,制度的发展变化就像浮在水面上冰块的漂移,两块本来在一起的冰块,可能因为某些偶然因素渐行渐远。而**概念**,比如我们将要讨论的情商的概念,也很类似。在历史的进程中,同样一种概念可能演化成不同的结果。另一方面,如果要研究和区分这些概念,去伪存真(不要忘了我们这一章需要界定一种能被严格定义的情商),那么一种**回溯式**的研究,就像这些制度经济学家所采用的方法,既是有帮助的,也是有趣的。

情商概念发展的一条路径

通向幸福和快乐的秘诀是什么?(这个问题有点俗气,我知道)

这是一个从古希腊开始,先贤就争论不休的问题。20世纪末,一个混合着理学家、畅销书作家和媒体组成的群体给出了他们的答案:

情商。(这个答案让我有五味杂陈的感觉)

尽管情商这个概念的踪影,在20世纪七八十年代,就已经在心理学文献中初露端倪,一直到1995年,它才随着丹尼尔·高曼的位列《纽约时代杂志》畅销书榜首的作品——《情商》而声名鹊起。在此后的数十年间,大量关于人际交往、自我激励、情绪自控等读物雨后春笋一般涌现。这一概念以及相关读物,也被作为灵丹妙药,兜售给从商业管理到医疗护理,甚至是教育改革的各个领域。从来没有一个心理学概念,如同情商一样,被全社会上上下下,乃至整个世界广泛接受,以至于美国用语协会(American Dialect Society)将"情商"列为"后90年代最常使用的新词"。

一个更细致的对"为什么情商如此风靡"的问题的检视,可能会颇具**讽刺**意味。因为这个检视(这种情商的发展路径)和**反智主义**,尤其是美国的反智主义联系在了一起。

理查德·霍夫施塔特在其1963年普利策奖作品《美国生活中的反智主义》中明晰了作为一种概念的"反智主义",即"对智性和知识的蔑视",并剖析了潜藏在美国社会文化中的反智主义的根源(在其他社会中也有借鉴意义)。根据霍夫施塔特所述,这种反智主义的源头或来源于**清教文化传统、实用主义思维与平等主义信仰**。第一批来到美洲大陆的,大多是受教育程度较低的白人移民,而在他们的知识与文化结构中,清教中流行的"你越聪明和智慧,你越符合撒旦的需要"的思想深入人心。这种思想与美国开拓发展(尤其是美国西部大开发)的时代背景相辅相成,即开发建设需要强健的体魄,而非哲学头脑,而非"四体不勤五谷不分的知识分子"。这种**实用主义**的思想也被广泛认同为美国意识形态的一部分,即任何不能被迅速变现或是利用的知识,都没有意义。即使在现代商业社会中,实用主义的价值观仍然如影随形。美国意识形态的另一种重要组成,即**均等主义**,同样被视作美式反智主义的源泉。这种弘扬"进步主义""个人奋斗"的"美国梦",遇上带有欧洲色彩的"出身、阶级论",便产生了一种矛盾性。这种"出身论"更广义地来说,包含了智力禀赋的概念,代表着美国社会长期以来形成的与普通阶层对立的精英阶层。在普通禀赋、普通阶层和天赋异禀、精英阶层的二元对立中,一种对知识有厌恶之情的反智主义便应运而生了。

这种反智主义典型的一例就是美式教育的"双系统"。一套培养所谓素质快乐教育,在这里,啦啦队和橄榄球总是比数学与文学更受欢迎,而一个"学霸"常常会被排斥,被称作"书呆子",尽管他在其他方面依然出色。而美国的公立教育机构也乐于推崇"素质快乐教育",培养巩固普通中产阶级,这也是美式"素质教育"声名在外的原因。另一套教育系统,则是更接近于中国的、竞争式的、更推崇"智性与知识"的精英教育了。

反智主义和情商风靡的关联性就在于,**相较于先天遗传(即作为一种禀赋的)的智商,情商作为一种可习得的、助力成功的**

关键,更适合在一种均等主义和实用主义的文化氛围中生长。

20世纪七八十年代,首先是**智商**流行起来的时代。赫恩斯坦和莫里在其著作《钟形曲线》(*The Bell Curve*)中浓墨重彩地推崇智商在预测个人成功、职业发展乃至社会进步中的重要地位。作者暗示,那些出生在经济上更富足、父母教育程度更高的家庭的个体,更容易在未来取得成功。而这些人,愈优秀,愈是在钟形曲线的一端,作为社会中的少数人,此所谓高处不胜寒。

然而这种精英主义的、反均等主义的思想不受待见是必然的。情商,作为一个同样(被鼓吹)是工作和生活中成功的决定性因素,并且它是可以被后天习得的,甚至只需要通过阅读畅销书就能习得的万灵药,异军突起,在"唯智商论"思潮下饱受困扰的人中所向披靡。尤其当情商被议论为"比智商更重要"(这也是丹尼尔·高曼畅销书的副标题)时,你不能否认这是鼓舞人心的。而在高曼的那本开天辟地的畅销书中,也不乏"一个智商卓绝的学霸,因为情商不达,在学校和生活中饱受困扰"这样的故事(相信类似的故事也早就耳口相传了)。

在这种语境下(也可以理解为,在这种情商概念的发展路径下),情商,在一种反智主义的时代背景下,像巴比伦塔一样,似乎成了一切不是智商,但对成功有正面影响的因素的杂烩。高曼自己也对他那套混杂着认知、人格、情感、动机和神经科学的定义犹犹豫豫,反复自我否定,这也是他在学界最饱受诟病的地方。

而市面上流传最广泛,也是最广为接受的,对情商的定义,从比较基础的克制情绪,到有感染力、好脾气,甚至到精通办公室政治、钩心斗角,五花八门,光怪陆离,无奇不有。举个例子:什么是情商?

答曰:情商是人情精明,是人事练达。(这种答案类比于重言论"什么是好学生?好学生就是做得好的学生";"$2x = 2$,x 等于几?x 等于 $2x = 2$ 的解")

很典型的,这里,情商是除了智商之外,对为人做事一切积极的思想和行动的杂烩,但好像并没有什么实际参考价值。

情商概念发展的另一条路径(一个引子)

到这里我们遇到了一个问题。情商光鲜的外衣下,似乎也有一些讽刺性的存在,或是讽刺性的基石,而这些存在是从情商被创造伊始,到情商被不断神话的过程中相伴相生的。既然如此,情商这个概念还是不是得体的(legit)?不要忘了冰块漂流的另一条路径。在这一小节中,我会对这个问题做一个初步的窥探,在第二章中,我会用一整章的篇幅来探讨情商存在的另一块基石,即一种向唯心主义认识论、非理性主义的转向。

情商(emotional intelligence)某种程度上来说,是一个自我矛盾的混血儿,它混合了"情"(情感,emotion)和"商"(智性、理性,intelligence)。这种矛盾性在西方历史中尤为尖锐,即理性与情感的冲突。

理性主义在西方历史上传统悠久,从古希腊到近现代一以贯之。在柏拉图那里,对精神世界的追求和对智慧的热爱体现在一个由感性到理性的过程,即"从可感知的世界,上升到可思考的世界",虽不能至,心向往之。在他富有诗意的描述下,神先创造了人类的头脑,赋予其最神圣的性质——理性。而关于不理性或是情感的一切,都归给"酒神、爱神、诗神",轻蔑之。斯多葛学派,作为古希腊另一影响深远的学派,同样主张以一种理性克制情欲、冷静而自省的修行,荡涤灵魂,面对不可逆转的命运。

到中世纪,哲学作为神学的婢女,诞生了托马斯·阿奎那。

他试图调和宗教和科学、信仰与理性,而这种调和仍聚焦在理性,即"不只是信徒,任何人只要运用理性——上帝赐予人类最伟大的礼物,都可以获得真理"。

继马丁·路德宗教改革,将信仰从外在教条转化为内在世界后,近代科学的始祖——笛卡尔又以**理性**为本质而取代信仰。笛卡尔用"普遍怀疑"打下了理性哲学的根基,他主张"将一切未经理性彻底检视的思想全都清除,就像建筑一座大厦,必须要把杂物和浮土清除干净,才能找到坚实的根基",而除去理性之外的、通过感官得来的知识,都不可靠。即使对于上帝,笛卡尔也不忘"用理性检查一下是不是一个骗子"。

自从科学革命和启蒙运动以来,理性主义更是迎来最辉煌的时代,登上哲学界的王座君临天下,成为衡量一切的律法,而一切都被押上理性的审判台,接受理性的拷问。理性主义下,世界如同上了发条的钟表,只做机械运动,而生气和灵气就少了许多。

当然,在西方哲学发展的历程中,一种唯心主义的、正视非理性的哲学思想也从未消弭,而这种思想在19—20世纪也有愈演愈烈之势(在第二章我会从更久远的地方进行梳理,这里只做抛砖引玉)。19世纪末到20世纪初,各种非理性思潮活跃起来,有崇尚情感的浪漫主义,高扬"意志"的叔本华与尼采,推崇直觉的伯格森,重视本能与欲望的弗洛伊德,珍视生命感性存在的存在主义等等,让理性主义在西方哲学界的霸主地位危如累卵。

20世纪后半叶,对二战的反思、冷战的阴云以及一系列人权运动、反战运动与叛逆思潮具象化了对纯粹理性的批判与反思。当这种哲学思潮蔓延到社会文化中,人们愈加发现,这种纯粹的理性的确要走下神坛了。长期以来只手遮天的理性,往往导致一种对情感的忽视、对自我认识的片面和社会互动的懈怠。而在这种对情感和社会互动的重视,或者一种日益以"社会人"而非"理性人"为中心的**时代精神**下,情商这一概念,便银鞍照白马,飒沓如流星般地登上了社会舞台。(至于这种对纯粹理性的反叛是不是言之有理,第二章会做一个梳理)

1.3 作为"智性"的情商

我们现在初步地回应了令人失望的第1.2节所提出的一个问题,即情商有没有一种名正言顺的哲学、社会文化基础。还有另一个问题尚未解决,即在第1.2节中提到的,一种开放的、松散的对情商定义,既无益于推演出一个关于情商一以贯之的、统御性的原则,又在现实中因为其理不清的千头万绪而缺乏价值。因此,一个关于情商**严谨的定义**是亟待解决的。这也是这一小节要达成的目标。

将"智性"带入情商

要用一种拿来主义的态度去严谨地定义情商,那就是迈耶-萨洛维-卡鲁索模型(Mayer-Salovey-Caruso 模型,简称 MSC 模型)了。如果说上节提到的丹尼尔·高曼选择了一条通俗流行的道路来推广情商,那么迈耶、萨洛维和卡鲁索则选择了一条更严谨艰深的学术道路来研究情商。其中,迈耶是新罕布什尔大学的心理学教授,萨洛维是耶鲁大学心理学教授,也是现任耶鲁大学校长,卡鲁索则是一名组织行为学家。MSC 模型是第一个在心理学和科学视角下研究情商的尝试,其研究成果也得到了学术领域的认可(引用量在相当长一段时间内无出其右),模型的另一大特色———一套量化的情商测试(Mayer-Salovey-Caruso Emotional Intelligence Test, 简称 MSCEIT)也是当下在社会组织视角下研究情商的主要工具。

这套模型最具生命力的地方,还是在"将智性带入情商概念"。我们依然把情商拆分成两部分来看。对于作为一个概念的"情感",不定义它比定义它来得实在,毕竟这是一个不言而喻的概念,这也是众多研究的共识。我们更感兴趣的是智性的内涵,这也是理解在 MSC 模型中被严谨定义的"情商"的关键。

关于"**智性**",从根本上说"智性"是一种"**能力**";具体来说,它意味着"理解、运用和解决问题的能力"。一种理解"智性"的办法是拿它和聪颖做比较。后者更接近于在学习效率、知识悟性,或者更快速的思维反应这些意义上有较高水准,而前者刻画的是一种更加全面的、深入的洞察力和综合性的问题解决能力,有一点之于中文语境下大智慧和小聪明的意思。

"智性"概念的形成不是一蹴而就的。它起源于对人类"适应能力"的探究:"智性"作为一种怎样的能力,使我们能够达成目标,并且最小化外在环境的阻碍?

早期对"智性"和"适应能力"的研究(如斯皮尔曼的 g 模型)选择了一种"简化"的立场,即寻找最小数量的因素来解释人类的"适应能力"。其结果就是,智性基本被**狭窄**地定义为

"抽象思维、逻辑分析和记忆能力"。由于这种定义简单明了、可被测量的特征,基于简化定义的"智性"**测试**被广泛采用,最典型的例子就是 20 世纪美国征兵和就业市场通用的标准化"智性测试"。一战时,由于参军人数过多,军方为了知道哪些人可以学习得更快,从而可以从特殊的领导训练里获得收益更多,急需一种测量方法筛选学员。于是当时一批心理学家便在这种紧急情况下用了一个月的时间编制了这些测试,这也是后期为人所熟知的"智商"概念和"**智商测试**"的前身。

但是随着研究的进一步深入,尤其得益于统计分析的成熟,人们逐渐认识到这种被狭隘定义的"智性"不能涵盖一个人智性的方方面面,也不能很好地解释或预测人们的事业成功和生活幸福。"情商"就是在这一背景下,依托 MSC 模型走进了学术和大众的视野。

将"智性"带入到情商的概念中来,意味着**情商从根本上说是一种能力**,而这种定义衍生出了一系列特征,包括:1. 能力有适应价值——情商能够在涉及情感的任务中帮助我们达成目标并最小化外在环境的阻碍;2. 能力有高低之分——情感不能被量化,但情商可以被测量;3. 能力有提升空间——情商可以通过训练提升;4.能力是意义有限的概念——情商作为一种能力,它的意义是有限的,它也不能和其他的概念混淆。前三点的内涵是显而易见的,第四点的内涵会在我们接下来对情商和其他概念的区分中显露出来。

不过在进一步讨论情商的特征前,我们要回答这样一个问题:在MSC模型中,"智性"如何被带入情商概念?或者说,"智性"如何与"情感"结合在一起?

MSC模型几经变迁,但它的实质,即对"情商"作为一种"对情感信息接收(input)、处理(process)和输出(output)"的能力从未改变。更进一步的,这种能力可以分成四个象限,见下图:

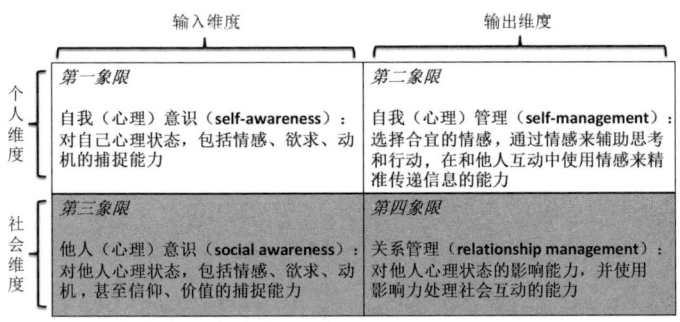

这四个象限的模型基本可以做到对涉及情感的能力不重

复、不遗漏地进行归纳。在学术领域,每个象限又向下延伸出若干指标,形成了一套类似金字塔形的情商测评体系,而其可被量化的特征也为关于情商的实证研究铺平道路。但作为一个导论,这一节在关于情商类型学的问题就止步于此了。在直觉上建立起一套关于情商的坐标系,就足够方便我们在生活中有条理地检视自己的情商表现。

这一节还有一个遗留问题。上文在说到"智性"衍生出来的情商的特征时,第四点,即"情商作为有限意义的能力"并没有被解释得很清楚。我们接下来对这一概念做一个澄清,在这个过程中,我们也会把情商与一些似是而非的和情商有关的概念区分开来。

情商——能力、意愿和人格

把**能力**和**意愿**区分开并不是什么难以理解的事情,比如你常会听到"我家小孩可聪明了,就是心思不用在学习上"。一个推论就是,个体的行为未必与他的情商相称,毕竟这涉及意愿的维度(即"愿不愿意"的问题)。但一个更有趣的推论则将情商和**道德**联系起来。

情商作为能力是**中性的**,而意愿的坐标系上不只有行动和不行动,还涉及指向性的问题,比如如何运作情商。因此我们可以得出一个推论:情商固然重要,但就第四象限(社会影响)维度来说,鼓舞他人和操纵他人只有一线之隔。

伦敦大学的基尔达夫和他的团队研究了过分追求情商可能导致的害处。他们发现,许多高情商的人善于伪装、隐藏真实的自己,为了个人利益故意给对方留下良好的印象,从而操纵他人,这样的桥段在我们的工作和生活中每天都在上演。当人们过分钻研如何使用情商,会有操纵他人的危险,心术不正的人完全可以控制他人的情绪,诱导他们做一些有违自身利益的事情。

一个例子有关语言。高情商的人,善于在谈话、演讲时使用技巧感染他人。如果你的沟通是抱着高尚的目的,就会取得好的效果,比如马丁·路德·金的演讲。然而,剑桥大学的门杰斯发现,当一名演讲者饱含激情地讲述鼓舞人心的内容时,听众们不会注意其实际传达的信息,而会很容易受到情绪的感染和触动。

一个历史的案例是关于希特勒的。他花费多年的时间来研习身体语言对煽动情绪的影响力,不断操练自己的手势、身体动作。他在演讲时策略性地表达情绪,需要的时候,会流下动情的泪水,获得无数拥趸。

意愿(或指向性)更多地涉及**人格**(性格)维度,情商作为一种能力则不然,换句话说,情商不同于人格。比如高情商未必是世故圆滑,或者外向开朗,而没教养也不都能被视作性格耿直。一个比较有代表性的误区有关**讨好型人格**,比如人们会说一个喜怒不形于色的,甚至时常忍气吞声的人情商很高,但这最多只能说明他在自我心理管理维度(可能)有不错的表现,但要与高情商画上等号,他至少还要能合宜而准确地表达情感。

因此也有一种观点认为,由于欠缺良好的情感表达能力,情商较低的人倾向于封闭自己的情感,因为表达情感会使他们暴露自己的弱点,并造成安全感的缺乏;反过来,情商更高的人也更乐意于表达情感,并通过多样化的情感表达来提升其在不同场合的适应能力。

另一个关于情商的,即使不能算作误区,也是有争议的方面,和世故圆滑(乃至道德性)有关。正如我们之前强调的,情商作为一种能力是人畜无害的,但它遇到**马基雅维利型人格**(可以理解为"喜欢冷酷地欺骗和操纵他人的人格")会产生不那么社会正能量的影响:他们会为了私利而混淆视听、操纵他人的情绪、阻碍他人的思考,上面的希特勒就是一例。

也许,我们对情商的盲目崇拜行为,本身就容易滋生对情商的滥用。正如洛桑大学的安东纳基斯所说,"人们还未进行严谨的科学研究,对情商的趋之若鹜和实践操练已经走在了前面"。

但另一方面,若是由于缺乏基本的、有效的对他人心理的影响能力,而让自己和他人的生活充满"言不由衷"和"无心之过",从结果上看,这会比马基雅维利主义更值得颂扬吗?我在这里就用《韩非子》里的一句话收个尾:见大利而不趋,闻祸端而不备,浅薄于争守之事,而务以仁义自饰者……

结局是一般比较"感人的"。

在这一章中我们对情商发展的大致脉络做了一个了解,也对情商的边界做了比较清晰的划分。但对于情商发展的另一条脉络,或者支撑情商的另一个基础(为什么、凭什么需要情商?),即一种唯心主义色彩的,正视非理性的认识论,我们之前的论述还不够丰富。这就是我们在下一章中要探究的对象。

要点梳理

1. 情商,在一种**反智主义**的时代背景下,像巴比伦塔一样,似乎成了一切不是智商,但对成功有正面影响的因素的**杂烩**。

2. 情商这一概念登上社会舞台,源于一种对纯理性主义的反叛,一种对情感和社会互动愈加重视和正视、日益以"**社会人**"而非"理性人"为中心的时代背景。

3. 将"智性"带入情商的概念中来,意味着情商从根本上说是一种**能力**,这决定了情商既不同于人格,也和道德无关。从逻辑上来说,一个内向安静的人完全可以比一个外向开朗的人有更高的情商,而用情商让他人的生活如沐春风和水深火热同等可能。

4. 作为能力的情商包含**输入**和**输出**两个维度,其中输入维度包括对自己和他人心理意识的捕捉能力,输出维度涵盖对自我心理意识和对他人关系的管理能力。

本章参考文献

Bradberry, T. and Greaves, J. (2009). *Emotional intelligence 2.0*. San Diego, Calif.: TalentSmart.

Grant, A. (2014). *The Dark Side of Emotional Intelligence*. [online] The Atlantic.

Goleman, D. (2004). *Emotional intelligence, why it can matter more than IQ & Working with emotional intelligence.* London: Bloomsbury.

Hofstadter, R. (2012). *Anti-Intellectualism in American Life*. [Place of publication not identified]: Knopf Doubleday Publishing Group.

Matthews, G., Zeidner, M. and Roberts, R. (2004). *Emotional intelligence*. Cambridge, Mass.: MIT.

Salovey, P. (2007). *Emotional intelligence*. Port Chester (NY): Dude Publishing.

第二章 动物精神

这时,市场会被一种动物精神所支配,这种动物精神是盲目的,但在一定意义上也是应该出现的,因为,这时并不存在用理性进行思考的基础。

——约翰·梅纳德·凯恩斯《通论》

理性是情感的仆从。

——大卫·休谟《人性论》

2.1 动物精神

"在别人贪婪时恐惧,在别人恐惧时贪婪"让巴菲特成了股神。

"在别人贪婪时贪婪,在别人恐惧时恐惧"让牛顿一点也不牛顿。

大英帝国南海公司于1711年成立,新公司邀请持有英国政府公债达900万英镑的个人,将债券兑换成南海公司的股票。由于这项服务能够回收部分国债,国王专门授予南海公司代表英国同南太平洋诸岛和南美洲开展贸易。

但是当时统治南美洲大部分地区的西班牙不愿开放殖民地和英国进行贸易往来。与古往今来所有技法娴熟的高手一样,南海公司知道如何向贪婪的公众推销诱人的故事。1720年,南海公司向国会抛出了一个难以抗拒的诱饵:公司将通过发行南海股票,吸收3100万英镑,这几乎是全部的国债。来自南海公司的消息称:英国和西班牙正就允许英国在所有西班牙殖民地开展自由贸易的协定进行磋商。来自新大陆的黄金白银将汇入英国,这将使南海的股东们成为世界上最富有的人。

随着议案的通过,投机狂潮开始了,南海股票七个月内飙升了8倍。为了这只股票,律师放弃了官司,医生丢弃了病人,牧师离开了圣坛,贵妇放下了矜持和虚荣,而这只股票的追捧者中还有理性主义的倡导者、物理学和微积分的奠基人牛顿,彼时正居住在泰晤士河边的伦敦塔内,担任不列颠皇家铸币厂厂长。

牛顿先是在南海公司股票上涨过程中参与了一把,很快他的投资就实现了翻倍,当时还比较谨慎的牛顿出清了所有的股票,获利不菲。但是面对增值8倍的股票,牛顿还是后悔了,决定加大投入追进。然而此时的南海公司已经出现了经营困境,此前的英国国会通过了《反泡沫公司法》,同时,包括南海公司董事长在内的董事抛售各自持有的股票消息传开后,南海公司泡沫最终开始破灭,股价一落千丈到了124英镑,包括许多国会成员在内的数千户英国家庭面临财政崩溃,同时一场大规模的商业萧条也降临这片土地。

牛顿也脱身不能,几乎血本无归。据称牛顿事后感慨自己枉为科学界名流,竟然测不准股市的走向:"我算得出天体的运行轨迹,却估计不了人们的疯狂。"

自牛顿以来,我们在驾驭自然、探索宇宙等领域的超越令人叹为观止,牛顿那个年代横空出世的发现和理论已经成为我们生活的稀松平常世界的一部分。另一方面,变幻莫测的资本市场、阴魂不散的经济危机似乎从未远离我们的视野。在20世纪那场史无前例的大萧条中,约翰·梅纳德·凯恩斯出版了《就业、利息和货币通论》。现实经济果真如制霸经济学领域百年的古典学者所描绘的那样,只受理性参与者的影响,在自利这只

"看不见的手"的作用下,给定偏好和约束,个体就能做出最有效的决策、经济就能达到最优化的均衡吗?在凯恩斯看来,人们总是有非经济方面的动机,而且,他们在追求经济利益时,也并不总是理性的;这些不理性的力量是经济发生波动的主要原因,也是经济萧条的罪魁祸首。

对于这种非理性,凯恩斯形象地称其为"动物精神":"其原因在于:群众心理所决定的**市场价值缺乏强有力的信赖基础**使它得以保持稳定……市场会为一种'**动物精神**'所支配。这种精神是盲目的,但在一定意义上也是合情理的,因为这里并不存在理性计算的坚实基础。"

在这里,"动物精神"表达的是一种人的本能、一种信心。当经济处于高涨时期,"动物精神"会正向发挥作用,人们会相信这种状态将持续下去,相信产能会不断扩大和利润会不断涌入,甚至会变得过于"盲目"和"轻信",进而演化成泡沫诞生的心理学动力。当经济处于衰退之时,"动物精神"又会走向反面。因此,"人类本性的特点也会造成不稳定性"。

近年来很多人意识到,"动物精神"是人类在极端无知、同时有规则被打破时的一种适应性反应,或者说是演化封存在我们基因里的救命稻草。但由于它高度依赖贪婪与恐惧这两种情绪,所以当成规被打破时,人们将习惯性地进入一种更加非理性的状态,要么利令智昏贪得无厌,要么慌不择路屁滚尿流。

凯恩斯的成就是瞩目的,紧随爱因斯坦,在20世纪最伟大的思想家中位列第四。凯恩斯的追随者们日后改造了他的理论,其中约翰·希克斯仅凭借自己对凯恩斯的理解所炮制出来的 IS – LM 模型拿下了 1972 年诺贝尔经济学奖。

可惜的是,追随者们只保留了恰能得出最低程度"动物精神"的元素,使得《通论》和当时标准的古典经济学之间的学术差异最小。古典理论中并没有"动物精神",它认为人们完全按照经济动机行事,而且总是完全理性地行动。因此他们将凯恩斯的理论进行改造,使它能够让当时的经济学家们用旧理论来理解新理论。

然而,被注了水的凯恩斯主义经济学也容易受到攻击。20世纪70年代,新古典经济学对被裁减后的凯恩斯主义经济学提出了批评。该学派认为,在凯恩斯主义思想中仍残存的少数"动物精神"可有可无,以至于对经济无重要性可言。因此,凯恩斯主义之前的旧古典经济学又复活了,"理性人"的假说又卷土重来,"动物精神"被扔进了知识史的垃圾箱。

当时,有经济学家并不认同这一现状。伴随着金融危机席卷全球,新凯恩斯主义者们重整旗鼓,重新挖掘了凯恩斯主义经济学"动物精神"的内涵,将"动物精神"纳入到当今**行为**经济学的分析范畴。一如阿克洛夫所说,"凯恩斯的《通论》是对宏观行为经济学最伟大的贡献"。新世纪以来,诺贝尔经济学奖先后四次授予行为经济学家,标志着主流经济学界对心理和行为因素在经济研究中的全面正视,甚至经济学领域某种从"理性"到"人性"的转向。在这四位诺贝尔经济学奖得主中,阿克洛夫和席勒合作出版了一本著作,讨论了贪婪恐惧、羊群效应、腐败欺诈、货币幻觉和听信故事等非理性行为如何在经济活动中兴风作浪,书名就叫《动物精神》。

作为引子,这一节体量并不小,但考虑到它介绍了这本书的名字中"动物精神"的出处,也算不枉篇幅。这一节不仅是关于情感和人性在我们决策中举足轻重的引子,也是一个关于我们对人类和社会的认识从"理性"到"人性"的转向;毕竟哪怕是"和杀手一样被训练的冷血的"(讽刺以纯粹理性为基础的)经济学家也转而承认和拥抱绕不开的非理性因素在经济活动中的地位。这便呼应了上一章中所提到的,情商概念存在的基石和其意义的源泉:一种将理性主义拉下神坛、拥抱非理性主义认识论的转向。毕竟,如果人类都是心思缜密、精于计算的机器,都用代数方程解决邻里之间的问题,那么情商一类的概念将毫无意义。相反,正是因为非理性因素是人类认知和行为中绕不过去的坎,而我们又天生就有作为"社会动物"的情感需要,"情商"才会作为一个对情感交流懈怠的激励和社会互动空白的填补从幕后走向台前。

这一章要探讨的就是**"情商"的基础**,是一种"不理性的"、唯心主义的**认识论**(可以把认识论理解为对我们了解世界方式的研究)。对于人性中不理性力量的认识,不仅作为"情商"的逻辑基础有其存在的意义,同样重要的是,这种认识在社会互动的实践中大有所用。就像我们需要物理理论去改造自然、用生物知识来治愈身体一样,了解我们如何认知、怎样行为才能帮助我们更好地做出决策和进行社会互动。

这一章会以看似对读者不那么友善的、历史上对于唯心主义认识论的哲学思考的梳理作为开头,之后过渡到生物学关于情感和理性的分析,最后以现代行为科学对人类认知和行为中不理性力量的检视收尾。如果读者能在阅读这一章后,哪怕忘掉了所有的哲学思考、实验证据和行为分析,但在直觉上留下了"动物精神"的烙印,那本章的目的也就达到了。

最后以苏格拉底的一句话给本小节收尾:
"人啊,认识你自己。"

2.2 哲学的故事

先讲一个关于哲学家的笑话。

哲学家和他的表妹聚餐,餐桌上的主菜是一盘烤鸡。
表妹问:"表哥,你们哲学家都研究些什么呀?"
表哥沉吟片刻:"你看这桌上只有一盘烤鸡,但在哲学家眼中,有两盘烤鸡,一盘现实中的烤鸡,一盘概念中的烤鸡。我们哲学家研究的是概念中的烤鸡。"
表妹开心不已:"好的,表哥,那我吃现实中的烤鸡,把概念里烤鸡留给你!"

朴素地来说,用"概念鸡"来描述唯心主义的认识论也无可厚非,毕竟唯心主义的立场在于"我们所认知的一切都是在自我**意识**中的显现"。而这里的"认知"包括了外部物理世界和人类内心情感,比如我们没有办法确认"现实鸡"的存在,我们只能确认关于鸡的视觉、触觉和味觉等等——对于这只鸡的认识存在于我们的**感觉和意识**里。这样一来,唯心主义的认识论给人的第一印象是没用,比如"概念鸡"不能拿来炖汤补身子,还是用"现实鸡"炖的参鸡汤能喝、好喝,这也是关于唯心主义的第一个"不友好"。

关于唯心主义的第二个"不友好"来自于中学哲学教材。听说有哲学课程说道:从人类文明诞生之初就存在的哲学被横刀立马地归为唯物主义和唯心主义的斗争,有斗争就有赢家,唯物主义手起刀落将唯心主义的梦魇劈得粉碎——世界是物质的,物质是运动的,运动是有规律的,精神是物质的反映。

我读到这里有种劈头盖脸的感觉,就是那种被人拿着黑乎乎的也不知道是什么的东西糊了一脸的感觉。我猜想这也是很多人对哲学苦大仇深的原因,如果天天糊一脸,一糊糊三年,搁谁都会心有余悸。

关于对唯心主义的第二个"不友好",只能说唯心和唯物本没有对错,有的只是意识形态上的争论。而我们有些哲学课程的问题所在,也不在于是支持唯物还是力挺唯心,更多在于**教条主义**,把哲学作为意识形态贯彻的手段,反而失去了哲学的反思、批判、包容的特点。

对于唯物和唯心主义的争论,我更倾向于费希特的观点:没有所谓的对错,因为他们根本就不是理论问题,而是倾向和兴趣的问题。

那关于唯心主义的第一个"不友好",即"无用"的问题呢?"概念鸡"是没的炖的,"概念车马"也走不动路,但是我很喜欢现任联合国秘书长、葡萄牙前总理古特雷斯的一段话,在我看来它解决了唯心主义认识论"有用和没用"的问题:

> 我的第一任妻子是一位训练有素的精神分析学家,我在她那里学会了一些微妙的技能……对我的政治生活来说,一个重要的教训就是这个简单的精神分析法。在一场政治谈判中,当房间里有两个人的时候,**他们不再是两个**

人，而是六个人：每个人真实的自我、每个人对自己的认识以及每个人对对方的认识。这就是人际关系如此复杂的原因。但是，人是这样，组织和国家也是这样……如果你在某个时候成功让两个顽固的人和解，你能让数万人免于被屠杀。

高更的画，有人认定它是绝美，有人一口咬定它是垃圾；卡拉扬的指挥，有人欣赏它通俗活泼，有人憎恶它哗众取宠。朴素地说，时常用这种唯心主义提醒自己，能让我们更加细腻地考察知觉、成像和事物本征属性的关系，避免陷入先入为主的尴尬。另一方面，正是因为我们对世界的认识，尤其对其他个体、组织和社会的认识并不总是等同于客观存在，而是存在于我们的意识中，这给了**非理性因素**溜进我们的认知，影响我们决策的机会，这便是这一节和本章的关系，也是这一节的主旨。在这一小节中，我选择了三个唯心主义哲学家，使我们得以用一种历史的视角来看看"唯心"概念一些重要的发展。

贝克莱

哲学家和原型心理学家乔治·贝克莱（1685—1753）因之而

成名的学说,总会引人发笑,并给人们引用西塞罗语录的机会:"没有什么比某位哲学家说过的话更荒诞的了。"贝克莱的哲学乍见荒诞,但对心理学的启发又是合理的。

贝克莱在历史上的地位几乎全仗着28岁以前写的3本书。除此以外,他的生活就没有什么意思了。他出生在爱尔兰,在24岁的时候被封为英国国教的执事,几年的旅行和布道后,他在爱尔兰做主教,直到终老。如果他在今天还因为什么而著名的话,那便是加州大学伯克利分校以贝克莱的名字命名,这是因为大学的一位创办人很喜欢贝克莱的一句诗:"帝国之路取道向西。"

什么是存在?你每次外出后,你的卧室还会存在吗?还是有可能消失?尚不清楚如何回答这些问题。人们通常认为存在就是在我们之外的客体,它们是独立的,不管我们是否认识它们,它们都存在着。贝克莱不这么看:存在依赖于人的感知活动,离开了感知,就没有存在,因此根本不存在离开我们的感知活动的事物。他是这样论证的:

> 人类知识的对象就是通过感官得来的各种观念,如冷、

热、软、硬等。这些观念有赖于我们的触觉、嗅觉、味觉,离开了这些感官就不可能有相应的感觉,没有了这些感觉,也就没有什么事物存在。我们认识的目标就是各种各样的感觉印象。

因此,所谓事物,不过是各种感觉、观念的集合。我们看到了圆形和颜色,尝到了甜的味道,就把它们组合起来,叫作"苹果"。一切事物都是这样组合起来的。

那么,我们感知到的是不是事物本身呢?不是,我们感知到的永远是感觉或观念本身,因为感觉、观念是不能离开我们的心灵而存在的,这就意味着我们感知到的所谓事物只能存在于心中,而存在于心中的只能是观念。

这种观点并非胡言乱语,它揭示了我们所谓的"客观世界"的主观性质。外部世界的存在,我们诚然是可以承认的,但是其性质却并不独立于我们的判断之外。我们所谓的客观世界仍然是一个主观的世界。从这个意义上来说,世界不是客观的空间和时间意义上的,而是性质意义上的:我们所赋予世界万物的性质,并不是完全客观的,而是我们对它们的一种感受和认识。这一点在我们了解他人的人格和心理的过程中尤其重要。

贝克莱的这些观点就是唯心主义比较原始和真实的形态了,比贝克莱更早的唯心主义哲学家有霍布斯,同时期的有洛克。这种唯心主义的论调也预示着休谟的不可知论,在这里已经有不可知论的萌芽了。

休谟

大卫·休谟(1711—1776)是苏格兰复兴运动中最耀眼的明星,也被视作现代心理学的鼻祖。小时候的休谟看上去很木讷(他母亲说他是个"很精细、天性良好的火山口,但是,脑瓜却不怎么灵"),不过,这种木讷有可能是因为他的肥胖的身材和迟缓的行动造成的假象。他很聪明,12岁就进了爱丁堡大学,27岁写出了让他声名鹊起的《人性论》。在这本书里,他第一次引入了自己的心理学,开拓了一套"有关人的科学",建立了一个人类激情和我们对激情看法的理论。

像贝克莱一样,休谟认为人的认识都来源于知觉。休谟进一步将"知觉"的产物称为"观念","观念"是"知觉"在心灵中的摹本或再现,比如"甜"的感觉是"知觉","甜"的概念是"观念"。

建立在"知觉"和"观念"之上,休谟提出了著名的怀疑——休谟之叉。休谟将人类理性或探究的对象分为两类:"观念之间的关系"和"事实的问题"。前者的例子,有几何、代数和算术等数学科学。在这些科学中,每一个断言"要么在直觉上,要么在证明上是确定的"。"这种命题只通过思想的运作便可发现",比如1的概念蕴含了$1+1=2$,所以$1+1=2$必然在证明上是确定的。

"事实的问题"则完全不同。前一种命题的否命题将产生矛盾,而每个事实问题的逆命题仍是可能的,因为它不可能蕴含一个矛盾,它同样容易和清晰地被心灵觉察,似乎与实在非常相符。如果说太阳明天将不升起,比起它将升起之断言,并不是一个难以理解的命题,也不蕴含更多矛盾。因此,我们要证明它是错误的、是徒劳的:我们日复一日地看到太阳升起,并不能在因果逻辑上推断太阳明天必然会照常升起。

从这个理论出发,休谟证明了我们关于因果关系、外部世界、心灵和自我的根本观念都不能得到理性的辩护,至多只能得到一种相关性。这有点类似于我们今天所说的,"任何判断本质上都是一种**概率**"。

休谟在认识论上否定了理性,也在他的伦理学中怀疑理性作为道德基础的观点。原因在于,理性不能作为原动力来阻止或产生任何道德行为,而仅仅提供工具和手段。既然道德判断和其他判断一样,是通过知觉(包括感觉)来实现的,理性的作用只在于当人们对某个目的已经有倾向后,它用推论来发现实现目标的最佳手段或途径。因此理性本身是不活动的,真正能引发人们行动的并非理性,而是人们的欲求和情感。因此,在休谟看来,道德行为必然源自情感,而理性在道德行为中只起辅助作用,这也是"理性是也应当是情感的仆从"的出处。

当然这毕竟是两个世纪以前休谟的理论,是应当批判还是应当完善,都是后世哲学家要做的工作。这里也写得草率,只做一个极简的引子,我们在下一章中会对他的情感主义伦理学做一个更加细致的检视。

叔本华

叔本华(1788—1860)出生于德国边境一个银行家家庭,因家境富有,他不必为生计奔忙,一生潜心著述。只有1820年和1826年两度试图在柏林大学开课,因对自己满怀信心,他将自己的课开在与当时的"大牛"黑格尔同时间段,但均因找不到听众而失败。他是为数不多的饱读东方哲学著作的西方哲学家,他的悲观主义哲学近似佛家的"众生皆苦"。他自己的枕头下常年放着一把左轮手枪,但从来也没用过。他自己一直过着富裕甚至有些虚荣的生活。1819年,他出版了自己最重要的著作《作为意志和表象的世界》,但几乎无人问津。直到三十多年后,人们才认识到他的哲学的价值,他的声望在他70岁时达到顶点,两年后他死于肺炎。

《作为意志和表象的世界》(*The World as Will and Representation*)的书名翻译有些歧义,"Will"被翻译成"意欲"而非"意志"会更好理解。沿袭唯心主义的论调,叔本华认为世界只是我们感知到的世界,是我们自己在脑海中构筑的现实,是作为"表象"的世界;另一方面,叔本华把非理性的"意志"看成是人的本质与世界的本质,而人们对表象的认识是为满足他们"意志"的欲望服务的。

对于"意志"和理性的关系,叔本华议论道:"意欲是构成人的真正、基本的部分,而智力只是从属和派生的……在所有动物生存中,意欲是首要的和实质性的东西,而智力只是为意欲服务的一个工具而已。"为了进一步描述"意志"作为本质,智力是现象,叔本华还做了许多形象的比喻,他把"意志"看成主人,把智力看成奴仆;把"意志"看成瞎眼的壮汉,把智力看成能看见的跛足人。

和其他哲学家抽象的行文、晦涩难懂不同,叔本华文字流畅、深入浅出。"我们并不是因为有需求的理由才产生需求,相反,我们是**因为产生了需求才去寻找理由**……为了掩饰'意志'和欲望,我们以哲学、神学和理性作为幌子。"因此,叔本华说,人是"复杂的动物",因为动物不会刻意掩饰自己的意欲。"当我们与人争辩时,感到最生气的事莫过于对方压根没打算理会你。这时候,我们就应该从他的'意志'上寻找解决的办法……逻辑并不起作用,要想真正说服一个人,你必须了解这个人的思想、欲望和'意志'。"

这些"意志"包含了什么呢?比如生存的意志:"人类为了食物、配偶和子女而争斗,并不是思考的结果,而是为生存意志的产物,是不可遏制的冲动。"又比如生殖的意志:"意志能通过生殖战胜生命对死亡的恐惧,也通过生殖弥补自己身上的缺陷……在所有感情中,个人产生生殖意志这一点受到生命的普遍关注。"

在人的本质问题上,就"意志"作为本质而言,黑格尔看到了人与其他动物的差别,强调理性的"神圣性",并把它看作人的本质,从意欲人升华到理性人,叔本华则认为人与其他动物的相似大过不同:"人与其他动物本质的和主要的东西是相同的,把人与其他动物区别开来的并不在于首要的、原则性的、内在的本质,人与其他动物的差别其实只在次要的方面,在智力、认知能力的程度方面——由于人类获得了名为理性的抽象认知机能,人的认知能力得到了极大的提高……相比之下,人与其他动物的相同之处,无论是精神方面还是肉体方面,却是远远大于两者在智力上的差别。"

而对于作为本质的"意志",理性作为认知手段显然是捉襟见肘的:"理性不能认识本质,用理性认识本质就像人被关在城堡外边,绕着城堡转来转去找不到入口一样。"(有点不着调了,我就知道)相反,叔本华认为,非理性的"意志"只能通过非理性的认识方法才能被认识,尤其是非理性的**直觉**作为认识手段:"直觉与理性无关,人的情感、欲望是直觉的动力和温床,尽管理性费尽九牛二虎之力,只要人在情感上不愿意或不接受,理性就得闭上嘴巴,不能进献一言。"叔本华强调非理性的直觉在认识中的作用具有重要意义,一反在认识过程中非理性只起干扰作用的传统观念,使人们更加关注非理性的情感、意志及潜意识等意识形式以及想象、直觉、灵感等认识形式的作用。

这一种非理性主义的哲学体系虽然存在漏洞,但启发了整整一代哲学家。现代西方哲学诸流派关于直觉的理论大多从它而出。例如法国著名的直觉主义哲学家柏格森,推崇非理性的直觉认识,这种态度就是直接承袭于叔本华。柏格森批判理性认识的诸多缺陷,诸如普泛而不能适用于个别事物,只能实用而不能把握世界本质,等等,这些观点都来自叔本华对理性认识的批判。除了柏格森之外,叔本华对尼采、胡塞尔、马利坦等的直觉和非理性理论也有明显的影响。历史表明,叔本华确系现代西方非理性主义认识论的奠基人。

2.3 颅

现代脑科学对"动物精神"提供了怎样的证据呢?

为了便于理解,我们可以简化地将大脑分成三个部分:爬虫脑、古动物脑、大脑新皮层(这是从认知分工的角度,对大脑的一个简化模型,并不是说大脑刚刚好分成这三个部分)。

爬虫脑,包括脑干(桥脑与延脑)、基底核与网状系统等最核心的脑区,在大脑联结脊椎根部,在距今二亿到三亿年前已演化形成,属于由本能所驱动的脑。原始脑的作用是维持人体的基本生存功能,如心跳速度、血液循环、体温调节、睡眠等;满足最基本的需要,例如生存、身体维护和交配等,包括原始心理保护机制如爱、恨、恐惧和性欲等。该部位不具备思考或学习能力,而是类似预先设定的调节器,只控制一些固定的反应。巴甫洛夫所提出的动物条件反射就在此部分发生作用,例如人在处于愤怒时是不受控制的,这种冲动是受制于爬虫脑的本能,是不经过理智处理的。

生物向更高级进化时,除了顾及自己之外,还要顾及和同伴的关系,所以从原始的脑干上又进化出**古动物脑**,又称"情感脑",发展出情绪中枢,以适应合作和群居生活。

古动物脑(大脑旧皮层)包围覆盖着原始爬虫脑,环绕脑干的部位被称为**边缘系统**(Limbic system,边缘系统约等于古动物脑),包含海马回穹、杏仁核、中隔、扣带回、嗅脑、海马和周围区域,与情绪反应、性活动、嗅觉等有关,使哺乳动物与外界之间具有细腻而复杂的情感互动,沟通外在世界和内在环境。

古动物脑最主要的功能,也是边缘系统的核心功能,是掌管情绪(高兴、愤怒、喜悦、痛苦等)、感性记忆(以情感为主导的记忆)与注意力,控制人们的正向(回馈性)和负向(惩罚性)行为。边缘系统同时也调节我们的本能,它更多的作用是自身的生存和物种的延续。而生存是靠一个二元系统——"战斗和逃跑"(fight or flight)来处理和实现的,它没有感觉和思考的能力——它的功能仅仅是执行。研究也发现,人类的绝大多数行为的产生都是来自这个区域。

控制我们理性面的大脑区域,我们称之为**大脑新皮层**(前脑),它在进化的时间上较边缘系统更短,可能不超过百万年,它包围覆盖着整个旧脑边缘系统的上面和一部分的原始脑,形成大脑最显著的部位,几乎占目前人类全脑重量的八成左右,集中了大量的神经细胞。

大脑新皮层是掌管人类一切心智行为的思考中枢,被称为理性脑,主要负责包括收集与处理理解感官接收的讯息、语言逻辑、计划推理、学习适应、抽象思考等功能,也是整个大脑内最后进行分析、规划、协调、决策的指挥场所。正因为大脑新皮层具有完整成熟的神经功能,人类才具有高等心灵智慧、心智反应、丰富的创造力,因而比其他动物更聪明。

举个简单的例子就是,哈士奇不会将粮食储存起来,等冬天来了不方便外出觅食的时候再拿出来,但是你会。你知道控制自己短期享乐的欲望。这个时候对人类行为的决策,更多的是大脑新皮层在起作用。

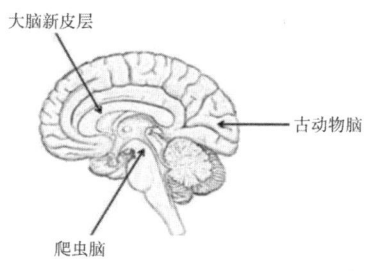

对于"动物精神"影响决策,三层脑模型能告诉我们什么呢?

首先,从大脑对信息的处理机制来看,外界刺激在进入理性思考前,会先经过情感处理。我们在遇到外界刺激时产生的知觉——视听味嗅触觉,都会以电信号的方式在身体中传递,从细胞到细胞,一直到旅途的终点——大脑。电信号首先会抵达脑干附近(爬虫脑区域),然后穿越边缘系统(古动物脑,情绪的发源地),最后到达大脑新皮层。

具体一点说,边缘系统会产生最基本的情绪反应——这些情绪反应本质上都是古代动物适应生存的反应,如看到一条像蛇一样的东西,就会自动产生恐惧,恐惧会使其避开危险。同时该信息也会传入大脑新皮层,而大脑新皮层会进行判断,比如研究一下到底是绳子还是蛇,如果发现是绳子,就会向古动物脑发出信号,要求其停止过激反应。但很显然,情绪反应是很快的,而判断是要花时间的:边缘系统(古动物脑)反应的速度非常惊人,比负责理性思考的新皮层快上8000倍。结果就是人易于先产生情绪,然后再(可能)用理性去关闭它。

这是一个简化的流程,比如在边缘系统中,还有海马神经负责收集情绪,丘脑分类整理情绪,等等,但是只要注意到,在理性介入之前,我们对信息的处理是感性的,或者说,理性处理的信息是经由情感加工过的。

其次,正如我们先前所见,大脑在进化过程中,原先的脑区并没有像尾巴一样消失,而是在原来大脑的组成基础上进行构建,这也让大脑中存在了更多的原始本能的成分。理性的大脑新皮层在进化时间上,较边缘系统更短,后者可能有超过亿年的进化,而前者可能不超过百万年,这也就注定边缘系统的留存部分对人类长期生存的意义更为重大。

这样看起来,脑科学所暗示的,可能正如我们在上一节中很多有趣的类比所描绘的那样,理性是情感的仆从,或者情感是瞎眼的壮汉,而理性是能看见的跛足人。

当然,大脑的活动是很复杂的。管理情绪的大脑回路与负责理性与思想的大脑回路存在重叠,所有的大脑区域都影响着情绪或者受情绪影响,而不是只有边缘系统,因此在情绪和理性之间,并无清楚的、非此即彼的分界线,中间有一个模糊地带。

但另一方面,新皮层对边缘系统的控制并非每次都能成功。比如边缘系统中的扣带回可以锁死注意力,导致某些非理性的恐惧,很多强迫症就是扣带回极其过敏的类型。又比如特定的情绪或事件可以刺激海马神经提取相关的强情绪记忆,导致虽然现状很正常,边缘系统却产生了强情绪反应,创伤后遗症就是这种机理。总之,大脑这几个部分实际上的互动更复杂、更细节化,有很多情况都可以导致新皮层对边缘系统干预失败,甚至被边缘系统控制。

因此,即使不能说脑科学证明了我们之前所见到的哲学家们的臆想,但至少这些理论在直觉上是符合现有的脑科学证据的。或许这是真的:理性对我们行为的控制有限,而让我们去执行的大多是"脑子一热"的感性面,是不理性的力量。

2.4 不理性的力量

不得不说这一节其实没什么新意,接触过行为经济学或者是有良好阅读习惯的读者都可以直接跳过,因为这一节只是对不理性的行为,尤其是作为行为经济学分析对象的行为做了一个简单梳理。

主流经济学是一个相当抽象的演绎体系,它最基本的假设是理性假设和自利假设,即所有人都是追求利润最大化或效用最大化的"经济人"。但是,在真实世界中,人类行为又是极其复杂的,而且系统性地偏离了传统经济学假设。现实中的个人的理性能力往往是有限的,他们经常依靠直觉来解决问题,而且老是会犯错误。同时,人们还会通过合作来实现共赢,甚至愿意牺牲自己的利益来促进他人的利益。这一领域,像我们在这一节开篇看到的,属于**行为经济学**研究的范畴。

托尔斯泰在《安娜·卡列尼娜》开篇就说,"幸福的家庭都是相似的,不幸的家庭各有各的不幸"。同样的道理,要描述理性行为,在数学上不难实现,但是要将全部有限理性行为——从极端理性的(但仍然不是完备理性的)到极端不理性的——全都用一个模型描述清楚,现在还看不到这种可能性。

既然有限理性这个核心假设无法在数学上描述清楚,那么行为经济学也就无法提出一个可以统领全部相关文献的系统性的框架。事实上,一般的行为经济学著作,在很大程度上至今仍然只是各种各样的反例、非理性行为模型的集合。也正因为如此,许多主流经济学家认为行为经济学研究其实只不过是应用心理学研究而已。

这里有客观原因,因为行为经济学还是一门新兴的、处于迅速发展中的学科;但另一方面,对旁观者而言,"不幸的家庭"的悲欢离合,相比"幸福的家庭"的恩恩爱爱,即使不更有吸引力,也更有意思。在这一小节里我们就来过一遍那些有代表性的不理性行为和理论。

那些有关思考的快与慢

行为经济学家、诺奖得主卡内曼在畅销书《思考,快与慢》中让人类思维的"双系统"为人所熟知,其中:

系统 1 在日常生活中运行时是无意识且快速的,依赖直觉,不怎么费脑力,完全处于自主控制的思维状态,同时它无法关闭。

系统 2 会将我们的注意力转移到需要费脑力的活动上来,例如复杂的计算。系统 2 的运行通常与思考、选择和专注行为相关联,一般情况下它处于关闭状态。

当你看到某事物时,系统 1 会对其产生印象、感觉、倾向,然后进行快速的判断,最后做出决定。而这个过程往往非常快速,你根本无法察觉到。而当你的判断遇到"阻碍"时,你就会自然而然地将对事物的印象、感觉、倾向传递给系统 2,在系统 2 支持这些行为时(在某些情况无法支持,比如极端疲惫时)将其转换为信念、态度、意图,从而传回系统1,然后进行判断(而这些信念、态度、意图会储存于系统1中的记忆库,为其下次做判断进行支援)。这就是两个系统间的基本关联。

问题在于,大部分时候持续上线且活跃的都是系统1,而系统2时常处于离线状态,且系统2的运行依赖系统1的直觉或感觉作为前置判断(基于非理性的理性)。这就使我们的认知常常受到系统1固有的缺陷影响,即使系统1本身作为进化的产物让我们在很多时候适应生存、得以自保。

系统1的缺陷包括一系列认知和判断偏误,而这一切偏误的基础就在于:"人类所有的认知和判断,都是一种**概率**判断"(至少我找不到一个反例),但系统1恰恰对统计学一无所知(这里的统计学并不需要复杂的统计知识,但至少需要基本的概率常识,比如关联性和因果性,比如有偏估计),这进而会造成一系列认知偏差,比如幸存者偏差、基本归因错误、赌徒效应等等。

具体一点?比如因为死人不会说话,只有幸存下来的人才能开口,这就有了"幸存者偏差"(Survivorship Bias),就好像创业失败没法跟父老乡亲交代的那一拨人,不太可能把他们的失败经历当笑话分享给别人,只有那些幸存下来的成功者大书特书他们的成功学,心中有梦之类的。"凭君莫话封侯事,一将功成万骨枯"就是这个道理。

比如我们倾向对自己的成功进行内部归因,而对自己的失败则进行外部归因,对他人则恰好反过来(Fundamental attributional error):自己年少成功就是骆宾王,觉得自己就是生猛,年纪大了也不会"受锤";自己年少不得志就是蒲松龄,现在不被世人认可,将来必会闪闪发光;觉得别人成功就是方仲永,天时地利而已,不得长久;别人庆就是孔乙己……就是庆。

比如赌徒效应(Gambler's Fallacy)。有人特别想生儿子,生了三个女儿就会想:"之前都是女儿,那下一个是儿子的可能性就很大了吧?"

以上随便举几个例子,最精彩的还在原著里。

另一方面,即使系统 2 会进行判断和选择,避免许多愚蠢的想法和不当表达而引起的冲动,但它会认可系统 1 形成的观点和感觉,或将这些观点和感觉**合理化**,做系统 1 的辩护者。我可能没有意识到,我之所以从宏观环境到经营活动再到企业文化对一家企业给予了高度评价,只是因为该企业和我接洽的人让我觉得亲切,或是,对投入大量时间和精力的关系和事业,我不愿退出,因为我认为它们更有可能给予我回报或我更容易获得成功(赌徒效应)。我叫嚣要正义得到伸张,公平得以维护,下意识地藏好以牙还牙的报复心。如果我们想寻求一个解释,就要搜寻记忆,寻找一些像样的理由,最后肯定能找到一些。另外,我们还会相信自己编造的故事,或者别人给我们画的大饼。

顺带一提,这种合理化的心理倾向是一种面对**认知失调**的心理的自我保护机制。当我们的情感或行为与理性认知产生矛盾时,我们会感到压力,而合理化(rationalization)机制会启动来减缓这种压力。比如我吃了二十年培根,突然有一天你告诉我培根会致癌,要我戒掉培根,这就扎心了,我的合理化机制会产生一系列反馈:

1. 改变认知——早餐两片培根,精力充沛一整天,说明培根对身体没那么糟糕。

2. 增加认知——吃培根让我很英式,让我很酷(事实上并不)。

3. 减轻认知的重要性——我不抽烟不喝酒不熬夜,就吃吃培根,没事啦。

4. 交流——我的朋友们都爱吃培根,我们互相勉励吃培根没什么大不了的。

5.压制——什么培根什么致癌?我不听我不听。

毕竟人们愿意相信自己是理性动物,当我们做出决定或者产生不理性的直觉后,我们会更加主动地寻找或留心那些支持我们选择或直觉的信息,来证明我们的直觉、行动和逻辑是**自洽的**,而这个合理化的机制在传媒学上也有类似的概念,即**选择性曝光**(selective exposure),这也是合理化机制的内涵。

如果没有这套机制会怎么样呢?恐怕夜不能寐吧。我们会对自己的每一个不那么貌似合理的行为深感后悔、愤怒、痛苦、悲哀。我们会反反复复质问自己:我这么做真的对吗?尤其当一项决策耗费的金钱、时间、精力越多,后果越无可挽回,认知失调越严重时,我们就越想通过合理化来调和失调。

当然,对合理化和其他一系列的心理偏差,我们无法做到完全免疫,但这并不代表我们不能做得更好。比如,尽可能不要向刚刚去商场血拼的那一拨人寻求购物建议,他们是最希望说服你放手去买的人,即使不是因为他们尝试通过"4.交流"寻求合理化,至少他们的认知已经被合理化洗涤了一遍。

回到双系统上来。这个双系统的二分法有点像我们在上一节中见到的关于"古动物脑"和"大脑新皮层"的分法,比如人类的认知系统都有一部分负责直觉和情感,另一部分负责小心翼翼的思考,前者反应迅速且处于持续的活跃状态,后者的介入需要时间且通常并不活跃。事实上卡内曼双系统模型对此也确实有借鉴。

另一方面,不论是"三层脑"还是"双系统"模型,它们都只是对人类认识和思维的概括,这并不就意味着人脑就是由双系统组成的。卡内曼后来被质疑烦了:"人类认知模式还是很复杂的,并不是说只有系统1和系统2。"但不得不说,双系统模型还是很符合我们直觉上的认识的(系统1),从这一点来说,它的启发价值大于理论价值。

说回来,按照诺贝尔奖评审委员会的说法,卡内曼最大的贡献是"把心理学研究和经济学研究结合在一起,特别是与在不确定状况下的决策制定有关的研究"。我们常常说人心叵测,其实也是可以通过实验量化的。

卡内曼和他的合作者特沃斯基通过实验和调查分析指出人们的行为实际上是非理性的,他们二位可以说是行为经济学领域最早的开拓者。比起"双系统",真正奠定卡内曼声誉的是他为这一系列行为研究命名的"展望理论"。这些研究结果被广泛应用于国际关系、股票投资等等领域。至于为什么叫"展望理论",他在后来的一次访谈中提到"名字跟内容没啥子关系,我只是觉得这个名字容易引起注意,容易火"。论套路,我只服行为经济学家。

但诺奖大师的作品《思考,快与慢》和它的声誉相不相称就另当别论了,毕竟行为经济学书读得多了就慢慢有品位了。这本书被誉为"行为经济学圣经",一言不合就被搬出来"五星必读",可能也是很多人读过的唯一一本行为经济学作品。但平心而论,这本书作为通俗作品,阅读体验一般般,倒不是因为学术气氛浓厚,就是有点啰唆,一句话能说完的东西大书特书,各种小贴士、感悟、故事穿插绕行,让人容易出戏。更轻松一点的,我会推荐丹·艾瑞里的《怪诞行为学》。同为诺奖级别的行为经济学家,我更推荐今年获奖的理查德·泰勒和他的《助推》。

《助推》的作者理查德·泰勒也是奥巴马竞选团队中"行为经济学梦之队"的一员,帮助竞选团队在动员选民、形象塑造、危机公关等事项上出谋划策,被前总统称赞"这些人真是懂得什么能打动人心"。要说《助推》中那些关于不理性行为的介绍,即使有启发意义,也很难说风头能盖过其他行为经济学作品。真正的亮点还在于它提出了"助推"的概念:就像我们挪动胳膊肘推身边的人一小把一样,在深谙个人非理性行为模式的前提下,一些小花招可以被针对性地设计出来,使得个体能够朝着设计者理想的方向决策。当然在书中"助推"的概念还要更磊落一点,给政府公共政策做参考:在个人面临决策时,利用现有体制对个人轻轻一推,就能有效地使个人向着政府所预期的、对全社会福利有利的方向进行决策,美其名曰"自由主义的温和专制主义"。

一方面,"助推"政策可以从福祉的角度出发,就像那些"把水煮白菜而不是红烧狮子头放在学校食堂和视野平行的地方能促进更健康的饮食习惯"一样;另一方面,"助推"也可以更加狡猾,比如走进一家超市,你嘀咕一声"有高手"。

这店出入分门,右进左出。人群中大多数人惯用右手,这样的分布结构便于人们从货架上拿东西。入口处的装修色调偏冷而悦目,会减慢人的步幅。平均身高的水平视距摆着高利润的商品,而在儿童水平视距上摆上零食和甜品。"限时抢购""每人限买三个"直截了当地刺激了多巴胺,对被限制供应的商品,我们有天生的储存快感。

你说情商里关于对他人心理状态的影响能力是不是也有"助推"的成分在里面？这里就不做评价了。到目前为止，我们已经走马观花式地过了一遍那些可以作为"情商"存在基础的、有关认识论的问题，换句话说，我们为什么、凭什么需要请出"情商"这个概念？

下一章我们将转向另一个问题：即使在第一章我已经对情商概念的边界做了很清晰的划分，也对情商进行了比较直观的定义，但我依然不满意，因为情商更加本质的，甚至"有一言而可以终身行之者"的东西没有被挖掘。这就是我在下一章的任务。

要点梳理

1. 情商概念存在的基石在于：一种将理性主义拉下神坛、拥抱非理性主义认识论的转向。毕竟，如果人类都是心思缜密、精于计算的机器，都用代数方程解决邻里之间的问题，那么情商一类的概念将毫无意义。相反，正是因为非理性因素是人类认知和行为中绕不过去的坎，而我们又天生就有作为"社会动物"的情感需要，"情商"才会作为一个对情感交流懈怠的激励和社会互动空白的填补从幕后走向台前。

2. "情商"的基础，是一种"不理性的"、唯心主义的认识论（可以把认识论理解为对我们了解世界的方式的研究）。朴素地来说，唯心主义的主要观点在于"我们所认知的一切（包括了外部物理世界和人类内心情感），都只存在于我们的感觉和意识里。我们所谓的客观世界仍然是一个**主观的世界**"。

3. 关于"唯心主义无用论"，一个有趣的回应来自现任联合国秘书长、葡萄牙前总理古特雷斯：

> 在一场政治谈判中，当房间里有两个人的时候，他们不再是两个人，而是六个人：每个人真实的自我、每个人对自己的认识以及每个人对对方的认识。这就是人际关系如此复杂的原因。但是，人是这样，组织和国家也是这样……如果你在某个时候成功让两个顽固的人和解，你能让数万人免于被屠杀。

4. 叔本华对基于唯心主义的立场进一步议论道:"意欲是构成人的真正、基本的部分,而智力只是从属和派生的……在所有动物生存中,意欲是首要的和实质性的东西,而智力只是为意欲服务的一个工具而已。""我们并不是因为有需求的理由才产生需求,相反我们是因为产生了需求才去寻找理由。"

5. 从大脑对信息的处理机制来看,外界刺激在进入理性思考前,会先经过情感处理。这样看起来,脑科学所暗示的,可能正如我们在上一节中很多有趣的类比所描绘的那样,理性是情感的仆从。

6. 诺奖得主卡内曼在畅销书《思考,快与慢》中让人类思维的"双系统"为人所熟知。其中,系统1是在日常生活中运行时是无意识且快速的,依赖直觉,同时无法关闭。系统2会将我们的注意力转移到需要费脑力的活动上来,例如复杂的思考和计算,一般情况下它是处于关闭状态的。大部分时候持续上线且活跃的都是系统1,而系统2时常处于离线状态,这就使我们的认知常常受到系统1固有的缺陷的影响,包括一系列认知和判断偏误。

7. 毕竟人们愿意相信自己是理性动物,当我们产生不理性的直觉后,我们会更加主动地寻找或留心那些支持我们选择或直觉的信息,来证明我们的直觉、行动和逻辑是自洽的(selective exposure),这也是**合理化**机制的内涵。

本章参考文献

Akerlof, G. and Shiller, R. (2010). *Animal spirits.* Princeton, N. J.: Princeton University Press.

Downing, L. (2018). *George Berkeley (Stanford Encyclopedia of Philosophy).* [online] Plato. stanford. edu. Available at: https://plato. stanford. edu/entries/berkeley/.

Health, C. and Health, D. (2010). *Switch: How to Change Things When Change Is Hard.* Crown Publishing Group.

Hunt, M. (2009). *Story of Psychology.* New York: Random House US.

Jonathan H. (2006). *The Happiness Hypothesis: Finding Modern Truth in Ancient Wisdom*, New York :BasicBooks

Kahneman, D. and Egan, P. (2011). *Thinking, fast and slow*. New York: Farrar, Straus and Giroux.

Morris, W. and Brown, C. (2018). *David Hume (Stanford Encyclopedia of Philosophy)*. [online] Plato. stanford. edu. Available at: https://plato. stanford. edu/entries/hume/.

Ramirez, D. (2015). *Default mode network (DMN)*. New York: Nova Science Publishers.

Warburton, N. (2012). *A little history of philosophy*. New Haven, Conn. : Yale University Press.

Wicks, R. (2018). *Arthur Schopenhauer (Stanford Encyclopedia of Philosophy)*. [online] Plato. stanford. edu. Available at: https://plato. stanford. edu/entries/schopenhauer/.

Thaler, R. , Sunstein, C. and Pratt, S. (2009). *Nudge*. [United States]: Gildan Audio.

第三章　共情

如果考察人性中所有的感情,我们将发现:各种感情被人们看作是得体的或不得体的,完全是与人们是否容易对这些感情表示**同情**成比例的。

——亚当·斯密《道德情操论》

3.1 风雪夜归人

长久以来我一直相信,有效的社会互动(当然也可以说情商)基于一种**共情能力**。这种信念被我的生活和所接触的知识不断强化,但我总想不起来信念源自何方神圣。这种感觉就像是黄粱一梦里,邂逅了颜如玉,也闯进过黄金屋。醒来后心思浮动,月落黄昏,低头一看,手里握着一封信,蜡封戳还没干。直到有一天在读文献时,我撞见了亚当·斯密的名字(没错,就是写《国富论》的亚当·斯密),三年前读《道德情操论》的画面才渐渐洞开。

那时候大学的录取通知刚拿到手,还挺热乎,高考又没有那么迫在眉睫,初春的时候去郊游,我只带了一本《道德情操论》。对于有些经济学学生,哪怕在大学里,你问他知道几个经济学家,他会告诉你,他只知道曼昆。我也遇到过一些小孩儿,包括我在内,高中的时候没事儿就喜欢研究经济学家,好读原著这口(虽然现在看起来未必是好习惯)。还有什么比经济学祖师爷亚当·斯密的《国富论》更地道的原著呢?还真有,就是《道德情操论》,即《国富论》的哲学基础。但你也不能否认,一高中小孩儿,在别的小情侣嬉嬉闹闹的时候,自己捧着《道德情操论》体验精神上的高潮,是一件很诡异的事情。有一个概念专门用来描述这种状态,叫"中二",你可以把它理解为青少年自我意识的过盛和妄想。但我不服,温家宝都直言《道德情操论》是他的枕边书。

《国富论》一面名垂青史,一面臭名昭著。名垂青史就不说了,至于臭名昭著(想想书中经典的,自由市场那只万能的"看不见的手"吧),它被当作鼓吹自由放任的万恶之源。但这么说也有失偏颇。除了开明地支持政府在公共设施建设上的投入外,更重要的是,斯密的自由主义经济的思想,是奠定在他的伦理学基础之上的。简单来说,人性中,有一种自然的道德判断机制,相比之下,政府刻意发明的强加于社会的道德或决策机制就没有那么靠谱。

至于这种思想和本章的关系是什么,这种自然道德判断的机制,或者说斯密的伦理学,是建立在一个概念之上的,即**"共情/同情"**,这个概念就是我们要蒸馏出来的。

这一章和下一章的内容应该是所有章节中最复杂的(语言有点像哲学文献,我也会保证它的可读性),但这种复杂性也和这两章在全书最重要的地位相称。我会在这一章介绍斯密及其前辈大卫·休谟,以及儒家思想的**情感**主义伦理学内涵,从生动的伦理学情境中,蒸馏出**"共情"**的概念,即一种我们**认知他人心理状态**的机制。这一"共情"的概念也将会贯串接下来的两章——第四章:何种程度上,共情能作为人类认知他人心理状态的机制(俗称"读心")?这种基于共情的读心机制为什么能作为**情商概念的核心**?以及第五章:这种共情机制得到了哪些来自**实证研究**的证据?

说回郊游的事。那天我倚坐在湖中央的小船上,阳光和凉风的比例以一种最优解映在手中那本《道德情操论》薄荷绿色的书封上。同伴划桨,新鲜的水雾凉丝丝地洒进来,沿岸花瓣有落、柳条有错。有趣的是,三年来这一段记忆无影无踪,直到又一次瞥见"共情"一词和亚当·斯密的名字,那种欢喜,还有更重要的,那块社会认知基石的轮廓才又栩栩如生起来。有两句诗应景:"柴门闻犬吠,风雪夜归人。"

3.2 思考题

阿蛮和阿梅是一对亲兄妹,刚刚成年。他们在一次学校旅行中,一同去往西西里岛。一天晚上,他们碰巧在海滩边的一座小屋里共处一室。乳燕飞华屋,晚凉新浴。阿蛮和阿梅情不自禁,玉楼冰簟鸳鸯锦,粉融香汗流山枕。这是他们各自的第一次,他们也采取了保护措施。他们都很享受这一段体验,但也决定不再发生第二次。他们将这段经历作为彼此的秘密,而这段经历也并没有让他们疏远,甚至让他们感觉更亲近了。

问题来了:你觉得这么做有问题吗?

很多人初闻这个故事时,都会一口咬定亲兄妹发生关系,是大逆不道,要遭天谴的。他们首先会指出,近亲交配可能产生的生物学上的严重后果;但这里,双方都采取了周密的保护措施。接着,他会说这样的经历,会给亲兄妹二人之后的相处蒙上一层阴影;而上文中,兄妹二人的关系在之后更加亲近了。有人会说这样的事情,会在之后反复发生;而故事中,他们彼此都许诺,这是第一次,也是最后一次。最后,有人会说:"我不知道,但我觉得这样做有问题。"

就像我们在上一章中所见到的,唯理性主义常年雄踞在各个领域,包括伦理学。唯理性主义者认为,道德判断是纯理性思考的结果。即如果行为符合了道德准则,那它就是道德的,反之不是。对他们来说,所谓道德情感是不存在的,那是天方夜谭。有趣的是,行为学家图列尔、希尔德布兰德和温赖布在社会实验中发现,面对堕胎、乱伦、同性恋等伦理问题时,那些做出"不道德"判断的被测试者,会引用诸如不良影响等论据来佐证自己的判断,而那些做出"没毛病"判断的被测试者,给出的无不良影响的论据同样让人信服。就像在上述例子中,道德判断更像是**被一种潜意识的动机**所驱动,理性思考在此之后才参与其中,扮演**合理化**的角色,根据**先入为主**的道德判断,去搜寻证据以佐证

(justify)自己的判断。

那么问题来了:什么样的**认知机制**,会让人们对某件事情产生道德判断,却不知道判断的依据是什么呢?现在我就要在两位情感主义伦理学家(碰巧也都是古典经济学家)——大卫·休谟和亚当·斯密,以及中国儒家的"仁爱"思想中寻找答案。当然,我会**止步于**探索"这是一种什么样的机制",而不是"这种机制合不合理",毕竟这本书不打算深入讨论伦理学问题。

注:这里"**同情**"的内涵并**不是**怜悯,至于具体的内涵是什么,会在下一节介绍。这里**同情**(sympathy)沿用**共情**(empathy)的定义,两者不做区别对待。在介绍两位情感主义伦理学家思想的时候,我会原汁原味地使用他们口中的"同情"。而在下一章《读心》中,当转入更进一步的探索时,我会使用"共情"用以强调和避免歧义。

如果你想说:"我讨厌哲学,能不能跳过这一节,又不失精华?"

也不是不行,你只要知道,"**共情**是个可了不得的东西"就可以了。

3.3 人性:大卫·休谟和他的情感主义伦理学

大卫·休谟是**道德情感主义**的先驱。他主张区别善恶的标准在很大程度上依赖于情感:"由德产生的印象是令人愉快的,而由恶产生的印象是令人不快的。"这就是说,判断一个品质或行为是否道德的标准就在于它是否使人愉悦,使人愉悦的品质或行为是道德的,使人不快的品质或行为是不道德的。这种道德愉悦感是休谟道德哲学的理论核心。休谟认为,道德愉悦感源于人性中的**同情**,同情机制把个人愉悦和他人(社会)愉悦联系起来并由此产生道德愉悦感。

然而,休谟思想中同情的内涵是什么?同情心如何产生道德愉悦感?道德愉悦感的人性基础是同情心吗?

(注意,下面我会着重讨论"休谟**同情**的内涵"这个问题。剩下两个问题,因为更多涉及伦理学,会被一笔带过。但这并不代表,休谟的伦理学思想是简单而幼稚的,只是这里不会详细讨论罢了。)

休谟的"同情"

休谟的**同情机制**,相比于下一节要讨论的斯密的同情机制,稍显简单。休谟的同情是一种**情感传递**机制,即"观察到他人情感,并产生相同心理状态"(这种"相同性"将是和斯密思想的重要差异之一)。具体来说,这种同情机制表现为:他人的表情、对话与行为,会传递关于他情感的信息,而个体观察到这些言行后,则能够接受这些信息,了解他人的情感。最简单的例子是,一个人的笑传递了他的喜悦。同样,观察到一起事件或一件物品,同样能够激发广泛的情感共鸣。比如,看到一块头骨,即使是互不相识的人也会感到不适。

休谟引入了"自然赋予人们的三种关系"——类似关系、接近关系和因果关系,来解释这种传递机制。情感传递的基础在于类似关系:"人类的心灵虽有所差异,但**结构和组织一般都是相同的**,这种类似关系使得情感很容易在心灵之间推移。"接近关系能够增加同情的程度,与他人在人格和环境方面愈接近,我们愈能够和别人产生共鸣。因果关系则是产生同情的一种直接关系——人的情感因内在和外在的刺激产生,其中蕴含了一种因果关系,因此同情也产生于我们的情感在原因和结果之间的推移。

这三种先天赋予的关系使得人们在观察他人的情感时,结合以往的经验,可以产生某种联想,使人们得以把情感表象转化为情感本身,从而自动和精确地分享他人的情感。

对于这种**自动性**(automatic)和**精确性**,休谟用了一个比喻:像若干条**弦**线均匀地拉紧在一处以后,一条弦线的运动就传达到其余条弦线上去;同样,一切感情也都由一个人自动地传到另一个人,而在每个人心中产生相应的活动(这种自动性,同样也是休谟和斯密思想的差异所在)。因为同情可以说是人性的一种本能的机制,这是一个毋庸置疑的事实。因此,休谟认为同情作为道德感的根源是有人性基础的,因而具有普遍性。

如果你觉得这套逻辑有点邪乎,那就对了。在这里,个体之间,情感怎么就能无缝对接,还是自动地? 这是个好问题。我们会在下一节中通过对斯密思想的阐述,对上述休谟的理论做一个小批判。而这套共情机制作为人性的一部分,也有来自神经生物学和发展心理学的证据,我们会在下一章见到。但是休谟的思想应该是同情机制的起源了,知道这一点就足够好了。不过在这之前,容我把休谟的同情机制和他的情感主义伦理学讲完吧。

道德愉悦感

同情如何成为道德的源泉?

正如我们在上一节和上一章中见到的,理性本身很难直接阻止或产生行为,它时常保持消极的状态而需要一种倾向性(比如情感)来推动它的工作。在道德判断的问题上,理性只能对某一行为和道德规则是否一致做出判断,却难以引起道德行为。因此休谟认为,理性无法令人满意地成为道德的源泉,而驱动理性工作的情感才是。

但情感作为个体感受有很强的主观性,怎样防止个人的情感溜进道德判断中呢?

休谟设计了一种心理状态,叫作"**镇静而全面**(steady and general)"。在这种状态下,按照休谟的话说,个体才能"全面地且不参照个人的特殊利益"地去考察一种品质。例如,所有帮助我敌人的行为都直接地使我感到不快,然而,只要我站在一个"镇静而全面"的立场,"冷静地、全面地"考察这些行为对行为者自身,甚至是面对我的敌人的利益和快乐时,我都会感到一种愉悦(休谟认为这种愉悦源于本性,但并未说明原因),从而使我对该行为发出赞许。

从这个例子可以看出,后一种愉悦感与我直接感到的不快乐感是截然相反的情感,它不受我的利益和不快乐感的影响,直接产生于人性中的同情原则。"人性中最引人注目的,就是我们同情别人的那种倾向。"借着同情那个被考察的人的快乐或我的敌人的快乐,不论他们与我们的观点有多大的差异,我都能感到一种相似的快乐,这种快乐感引起我对行为的尊重。进一步的,这种同情也作为一种强有力的道德动机,诱导和产生了道德行为。

即使有了"镇静而全面"的心理状态,还是不太靠谱。任何人的任何情感都可以得到某些人的共鸣,甚至小偷作案得手的快乐也不例外。怎么办呢?休谟又引入了**社会同情**的概念。因为道德同情心不仅需要旁观者的立场,而且还需要以社会利益的增加为考量。道德同情是对人类幸福和苦难的共通感,它关注的不是个人或少部分人的情感而是社会大部分人的情感。这种社会同情,很明显,是由理性与计算指导的。

但是这就很尴尬了。休谟口口声声说"理性是情感的仆从（原话更直接，理性是情感的奴隶）"，但是他的情感主义伦理学思想中，道德判断到头来还是需要理性来指导。而道德判断的原则，尤其在社会同情视角下，由于其仰赖社会福祉的考量，还和功利主义"勾勾搭搭"（功利主义，通俗来说就是以社会福祉的总量进行道德判断）。当然，我们关于休谟"同情"概念的初探以及他情感主义伦理学的介绍就止步于此了。

3.4 同情：亚当·斯密和他的《道德情操论》

亚当·斯密和休谟所处同一时代，且恰好都是苏格兰人，都是哲学家和古典经济学家，当然也是好友。在斯密的思想中，不论是"同情机制"还是他的情感主义伦理学，都在休谟的体系上进行了继承与完善，并形成了自己独具特色的、同样以"同情"为基础的情感主义伦理学体系。斯密的《道德情操论》正是这套伦理学体系的具象化。

斯密的"同情"

相较于休谟的同情机制，即一种"自动而精确的"（听上去比较玄乎的)情感传递机制,斯密的同情机制,更加贴近我们现代对"共情"的认识。

从词源学的角度,我们能更好地比较休谟和斯密有关共情/同情思想的差异。虽然二者都使用"同情"(sympathy)来指代一种情感机制,休谟的"同情"更接近我们当今的同情(sympathy)。sympathy 源于后期拉丁语的 sympathia,意为"共感"(community of feeling),希腊字源 sypatheia 衍生自 sympathes,其可被拆解为 sym-(代表一起,同 together)和-pathos(代表感觉,同 feeling),二者叠加代表感同身受(having fellow feeling)和受到相同感觉的影响(affected by like feeling)。

相比之下,斯密的"同情"更接近当今的"共情"(empathy)。empathy 起源于德语 einfühlung,其前身为希腊文 empatheia。该词早先为哲学家利普斯所用以进行美学研究,后被英美分析哲学家铁钦钠以 empathy 英译之,以填补由于 sympathy 一词所无法描述的对象而造成的空白。希腊文 empatheia 由 em-(代表进入,同 in)和-pathos(代表感觉,同 feeling)组成,二者叠加有进入他者角色而加以理解之意。

之所以区分斯密和休谟的"同情"的思想,在于斯密并不认同休谟所说的"人与人的情感,可以像弦的运动一样,自动地在彼此间传递"。举例来说,看到一个人盛怒时的言行,我们会与他产生共鸣,但这种"自动"的愤怒共鸣,并不能使我们站在他的角度思考,是什么原因使他勃然大怒。

相反,斯密认为,同情机制,需要一种"**想象力**"。斯密在《道德情操论》中对这种"想象力"的解释是:"对他人产生同情时,通过想象,我们设身处地,以形成关于他人的感觉和想法,这在一定程度上也产生同我们想象力大小成比例的类似的情绪。"

换句话说,"想象力"意味着人们远离自己的立场,去进入对方的角色、站到对方的立场进行体验和思考(类似于换位思考)。这就是斯密所说的,"一个人的同情,与其说是因为别人的某种情感而引起的,倒不如说是由于别人所处的情境所引起的"。而这种"情境",抑或"他人的立场",不仅包括对方的处境,也包括对方的人格、经历,社会环境和价值取向。毕竟,人类作为**社会动物**,会被他的成长经历、社会环境所塑造,这样一来,产生"同情"时带入对方的人格和经历就显得必不可少。就想象力这一点来说,这套同情机制中,也包含了信息采择、思考、预设等过程。

斯密列举了一个吊唁的例子:朋友的父亲去世了,若要真正地产生"同情",我们不仅要想象我们自己如果失去了父亲会是怎样的感受,我们还要考虑到这个朋友特有的性格和他对父亲的独一无二的依恋与经历等等,借此与朋友形成"统一的人格",而非一种"兔死狐悲"。在这个过程中,为了达到情感共鸣,我们需要掌握有关朋友的信息,借助思考构筑情境和人格并有意识地将自己带入其中。这些铺垫都是"想象力"的具象化,也是理性参与的过程。

有学者指出,《道德情操论》不仅仅是一部规范伦理学的著作,也是一部有关道德心理学的作品。对斯密来说,同情机制在道德判断中起到了认识论的作用,而斯密所做的工作,便是对以同情为核心的道德情情感的一种发生学(一种产生机制)进行叙述和说明。从这个角度看,《道德情操论》也是心理学的理论。

值得一提的是,在这种同情机制下,斯密大方地承认,个体永远也无法产生同别人完全程度的共鸣。然而就是这种"不能够性"(inability),鞭策我们不断地了解他人和了解自我,不断地矫正自己的同情机制。如果每个人都能够在社会生活中有效地矫正自己的同情机制,从而对内形成一种有效的自我审慎和约束,对外产生一种"互相同情"或"社会同情",在斯密看来,世界将更加美好。

普遍的道德情感

可是矫正到什么程度才算是理想的状态呢?即使我们的情感和他人完全同步,又怎么能保证,我们不可能和那个"被同步"的人一样,心存自私和偏见呢?共情机制如何成为道德判断的依据呢?

面对这些问题,斯密引入了一个概念,即**"公平的观察者"**(impartial spectator)。如果说霍布斯发明了"利维坦",那么"公平的观察者"便是斯密的创造。所谓"公平的观察者"原理,就是指把自己带入到和当事人没有关系的、没有任何感情色彩的、不偏不倚的旁观者的角色。如果这一角色能对当事人表示充分的理解和赞成、达成"同情"或情感共鸣,那么这种共鸣的愉悦感,就将是一种道德愉悦感,继而我们可以推导出,当事人的行为是"善的"。

值得一提的是,虽然与公平的观察者产生共鸣是一种情感机制,但公平的观察者的塑造离不开理性。不论是摒弃个人的情感和利益偏向,还是有意识地将自己置于公平观察者的视角,都需要理性发挥作用。如斯密所说:"没有同情,理性可能是无力而麻木的,但是没有经由理性塑造的公平的观察者,同情也是盲目徒劳的。"借助"公平的观察者",斯密将情感和理性在道德判断中联系在一起。也正因为达到不偏不倚的观察者视角离不开理性,有学者认为斯密很可能启发了康德《实践理性批判》的创作,而康德本人也对"公平的观察者"给予了高度赞扬。

同样,在进行自我审视时,我们将无偏袒的"非我"(旁观者)从"自我"(行为者)中分离出去,用无偏袒的旁观者进行自我审视,根据"公平的观察者"对"自我"的同情与否,对自我进行道德判断。按照斯密的话说:"我仿佛把自己一分为二,一个是审察者和评判者,扮演一个和'我'不同的角色;另一个'我'是被审察和评判的行为者。"借由"公平的观察者"对自我行为的同情判断,我们才有可能"不完全听任自私的情感和自我欺骗,避免陷入自爱的幻觉中"(当然也因此也有人戏谑地说,斯密提倡一种"人格分裂"的生活态度)。

按斯密的话说:"正是因为有公平的观察者的存在,任何为了自己的利益而去伤害他人的人都不会与我们的情感产生共鸣。只有借助公平的观察者的眼睛,我们才能纠正自爱的心理产生的与事实不符的扭曲"。

斯密的"公平的观察者"和上文中休谟的"镇静而全面"有所不同。在休谟那里,"镇静而全面"的心理状态及其引起的"同情",更像是一种手段,而最终判断的标准,仍是一种功利主义式的理性判断。但在斯密这里,"公平观察者的同情"既是手段也是**目的**,这种无偏袒的情感共鸣被看作是道德判断的标准。就这一点来说,斯密避免了休谟那种在情感主义伦理学中引入理性进行终极判断(同情 > 理性 > 判断)的、自我矛盾的尴尬。即使投射"公平的观察者"需要理解、思考、预设参与其中,但最终进行道德判断的标准,依然是共鸣的情感——"同情"(理性 > 同情 > 判断)。从这种"最终"的意义上看,斯密的情感主义伦理学达到了自洽。

斯密的情感主义伦理学,对他的**经济思想**有重要的影响。很久以前,田间地头的古代哲学家们认为,农业是经济学的基础,只有创造物质才能创造价值。随着大航海时代的到来,社会普遍认为,掠夺真金白银,通过贸易顺差,才能红红火火地积累财富。直到亚当·斯密这里,市场的洪荒之力才被揭示。重农主义和重商主义都太天真,整个国家内部的日常交易就是个大宝库,自由市场"看不见的手"每时每刻都在以有余换不足促进经济成长。

那么问题来了,自由市场有洪荒之力创造财富,也有鬼神之力制造混乱。亚当·斯密则为他的自由市场经济学,打造了一个基于"同情"的情感主义伦理学基础。如果每个人都能超越彼此不同的立场,找到共同的市民社会/自由市场基础,并在此基础上不偏不倚地反省自我、审视他人,相互理解、实现同情,那么财富的创造,就不会以混乱和失序为代价。所谓欣欣向荣,天下大同。

即使在人生的最后时刻,斯密依然致力于修订《道德情操论》,在其中加入了对财富和道德问题的探讨。作为市场经济理论的祖师爷,斯密也是最早认识到市场经济带来一系列社会问题的思想家。斯密自己开具了以"同情"和"公平的观察者"为核心的伦理学作为一剂药方,这也启发了一些后世的经济思想:市场经济必须以社会行为的道德规则予以补充,包括经济骑士精神、新教精神、中产阶级价值观、公民美德等等——你可以用各种概念来指代这些东西,同时还需要来自政府和立法的支持,在财富和美德中寻求平衡。

你看,经济学原本是讨论"道德情感"与"国民财富"复杂关系的综合体。政治经济学,在休谟与亚当·斯密的年代,是伟大的人类和社会事业的重要组成部分,而这一伟大事业的核心又在于对伦理基础的探索。它是如何演化,抑或是蜕化成一门"机械又令人沮丧"的学科、一门建立在一个约束和简化人性的理论之上,而这人性却是它一直试图从传统桎梏中解放出来的对象的学科,甚至一门为人所诟病的学科的?当然这就是另外一个问题了。

3.5 恻隐:儒家之"仁"

有趣的是,**儒家**的"仁"与斯密的"同情"颇为相似。学界普遍认为仁是孔子思想的核心,在《论语》中出现了上百次,比

"礼、义、忠、信"等其他伦理概念都来得多。《论语》中也多次出现弟子"问仁"的章节,如在《论语·宪问》中,子路、子贡亦两次要求以仁为标准去评价管仲其人。后世研究儒家思想的学者,如朱熹,也视"仁"为本心之全德。

仁

"仁"的本质,在《孟子·公孙丑上》,以"不忍人之心"被揭示,既是仁之本,也是人之所以为人的特质,是人之天性:

> 人皆有不忍人之心……所以谓人皆有不忍人之心者,今人乍见孺子将入于井,皆有怵惕恻隐之心。……由是观之,无恻隐之心,非人也;无羞恶之心,非人也;无辞让之心,非人也;无是非之心,非人也。恻隐之心,仁之端也;羞恶之心,义之端也;辞让之心,礼之端也;是非之心,智之端也。

孟子的这段描述是对孔子在《论语·颜渊》中"仁者爱人"的定义和补充。"仁者爱人"的心理表现是恻隐之心,是同理心:不想别人受苦,其端绪为"不忍人之心",转为现实推展出去,就要让别人得到幸福,由是君主之行仁政成为可能。同时,"仁心"是人人皆有的,反过来说不具此者不足为人,这使得同理心也成了人之所以为人的特质。

恕

同理心除了作为"仁"的内涵体现在儒家思想中,其另一处体现,是经典的**"恕"**道:

> 子贡问曰:"有一言而可以终身行之者乎?"
> 子曰:"其恕乎! 己所不欲,勿施于人。"

朱熹将其注为"推己及物",也就是以自己的感受做参照,估量别人的感受。

这种看法反复见于儒家著作,除了上引的《论语》语段之外,还见于《孟子·尽心上》及《礼记·中庸》:

> 强恕而行,求仁莫近焉。道不远人,人之为道而远人,不可以为道……执柯以伐柯,其则不远。

以自己手上的斧柄为度,截木做另一段斧柄,其实也就是以一己为参照,判断他人所欲所恶,以此做行为准则,与亚当·斯密的"上天是以人作为人类的顶头判官"想法相似。在斯密看来,人是以上天的形象创造的,而能否以自己参照,首先获得自己的认可,这便成了行事宜否的首要标准。

德

反之,斯密把同理心视为道德判断之基础,那么欠缺同感,不能有所同感,自然就是缺失,甚至是不道德的行为。

这和前引《孟子·公孙丑上》"无恻隐之心,非人也"及《论语·阳货》"宰我问三年之丧"一节所显示的想法可以说完全相同:

> 宰我问:"三年之丧,期已久矣,君子三年不为礼,礼必坏;三年不为乐,乐必崩。旧谷既没,新谷既升,钻燧改火,期可已矣。"子曰:"食夫稻,衣夫锦,于女安乎?"曰:"安。""女安则为之。夫君子之居丧也,食旨不甘,闻乐不乐,居处不安,故不为也。今女安,则为之。"宰我出。子曰:"予之不仁也。子生三年,然后免于父母之怀。夫三年之丧,天下

之通丧也。予也有三年之爱于其父母乎?"

孔子对宰我的责难,重点不在于他不愿守三年之丧的违礼,而在于他对父母之死的麻木不仁,而"麻木不仁"这句话,直到今天在中文语境下,仍然是一个非常严重的指斥,而其与斯密所谴责的"共情"官能的朽败,异曲同工。

仁政

儒家的仁政也是"同理心"的政治,是情感政治。小至个人道德,大至政治伦理,都能以仁为主脉贯串起来。不仁对个人而言是不道德,不行仁政在政治而言则是不公义。儒家构建起理想中的制度安排,按照钱穆等学者的看法,乃是礼制与刑律的有机结合。而至于法与礼的关系,如《大戴礼记》所云:"礼者禁于将然之前,而法者禁于已然之后。"《后汉书·陈宠传》则说:"礼之所去,刑之所取。失礼则入刑,相为表里者也。"而贯串于"礼"的,恰是仁的思想。由此可见孔孟儒家的终极归结,在情而不在理,是以情范理,要通情然后才能达理。这是一个植根于情意层面,而非理性层面的伦理体系。

殊途同归

尽管斯密的《道德情操论》和儒家文化诞生于两个不同的文化语境,但有趣的是,休谟和斯密所处的已经是一个**全球化**的时代了。休谟和斯密有共同的好友:奎士内和萧豪利,二人都曾造访中国,是当时通晓中国文化的西方学者。萧豪利在研究中国的著作《中国的均衡》(*La Balance Chinoise*)中写道:

> 善人的一切美德完全基于其人性,对他人之爱不缘于外,而在其自身。人的本性使人爱人,此爱自然而然,一如人之爱己;这就是人之所以异于禽兽者,亦为诸行之则。泛爱万物,乃义所由生。

这些几乎就是孟子"不忍人之心","良知良能","居仁由义"的翻译。

而奎士内在其所著《中国的专制主义》(*Le Despotisme de la Chine*)中也对中国表达了至高的敬意:

> 中国皇帝是专制君主。不过,"专制君主"义何所指

……根据有关中国的报道,我做出这个结论:中国政体是建基于明智和仁爱的律法,君主依法实施而自身亦服从之。

而亚当·斯密和这二位中国文化的学者,也绝非泛泛之交,很难想象斯密没有借此接触到儒家思想。加之当时中国文化风靡欧洲,"同情"也好,"仁爱"也罢,也许在各自的文化的语境下,殊途同归了吧。

"共情"之于情商的关系可以说是这本书原创性最强的思考了。在这一章中,我们从几位哲学大家(流派)中提炼出了"共情"的概念。如果我的论述没有词不达意,那"共情"的概念至少能在大家心中留下一席之地。但"共情"更加现实的内涵是什么?它和情商的关系又是什么?这就是我们下一章要回答的问题。

要点梳理

1. 一种关于道德判断的观点是,它更像是被一种潜意识的动机所驱动,理性思考之后才参与其中,扮演合理化(rationaliza-

tion)的角色,根据先入为主的道德判断,去搜寻证据以佐证(justify)自己的判断。

2. 人性中,有一种自然的道德判断机制。这种自然的道德判断机制,是建立在一个概念之上的,即"共情"或"同情",而这个概念可以追溯到休谟、斯密和儒家思想。比如,一种可能的道德判断机制是,把自己带入到不偏不倚的旁观者的角色。如果这一角色能对道德判断的对象表示充分的理解和赞成,并达成"同情"或共鸣,那么这种共鸣的愉悦感,就将是一种道德愉悦感。

3. 相比于休谟"自动发生"的同情,斯密认为,同情机制需要一种**想象力**:当对他人产生同情时,通过想象,我们设身处地,以形成关于他人的感觉和想法。换句话说,"想象力"意味着人们远离自己的立场,去进入对方的角色、站到对方的立场进行体验和思考。

4.《道德情操论》不仅仅是一部规范伦理学的著作,也是一部有关心理学的作品。斯密所做的工作,便是对以**同情**为核心的道德情感的一种发生学(一种产生机制)进行叙述和说明。

这种机制对情商理论有重要的意义,对于这种机制的内涵连同它对情商理论的意义,我们会在之后的两章中以更加现代的视角加以阐述。

本章参考文献

Fleischacker, S. (2017). *Adam Smith's Moral and Political Philosophy (Stanford Encyclopedia of Philosophy)*. [online] Plato. stanford. edu. Available at: https://plato. stanford. edu/entries/smith-moral-political/.

Göçmen, D. (2007). *The Adam Smith problem.* London: Tauris Academic Studies.

Haidt, J. (2001). The emotional dog and its rational tail: A social intuitionist approach to moral judgment. *Psychological Review*, 108(4), pp. 814 – 834.

Morris, W. andBrown, C. (2018). *David Hume (Stanford Encyclopedia of Philosophy)*. [online] Plato. stanford. edu. Available at: https://plato. stanford. edu/entries/hume/.

Sayre-McCord, G. (2013). HUME AND SMITH ON SYMPA-

THY, APPROBATION, AND MORAL JUDGMENT. *Social Philosophy and Policy*, 30(1 –2), pp. 208 –236.

第四章 读心

> 旁观者的**同情**产生于这样一种想象,即如果自己处于这种境地,自己会是什么感觉。
>
> ——亚当·斯密《道德情操论》

4.1 六感

除了"视、听、嗅、味、触"五种知晓外部世界的官能外,人类还有"第六感",用以揣摩他人的内心世界。诚然,我们自己和他人的内心世界,有难以逾越的鸿沟。我们能够不费吹灰之力地读取自己的心理状态,面对他人却无所适从。"**读心**(mind-reading)",即读取其他个体心理状态、信念、思想的能力,也因而被视作超能力,在各路影视作品中大显神威。另一方面,人类和所有其他灵长类动物一样,都是极度**社会化**的。这种社会性是他们成为幸存时间最长的哺乳动物的原因之一(他们的起源可以追溯到恐龙时代)。从**演化**的视角看,哺乳动物的生存活动,从捕猎,到侦测危险,再到求偶繁衍,以及一系列**亲社会行为**(pro-social behaviors),都赋予了读心能力极为重要的生存价值(survival value)。

和人类的直系祖先"非洲智人"相比,同时期的尼安德特人有着更大的脑容量和更聪慧的大脑,然而最终在漫长的演化中胜出的却是非洲智人。意不意外?人类学最新的研究将其归结为:非洲智人有更加先进的交流系统。每种动物都有自己的语言,智人的语言又特别在哪里呢?人类语言的独特之处在于,除了能够传递关于实物(比如食物)的信息,**还能传达虚构的信息,比如情感、信仰和概念**。比如,要是一只猴子跟另一只猴子说"把香蕉给我,这样你死后会在香蕉王国中获得永生",那是鸡同鸭讲。但如果你跟一个人说"用今生的谦恭顺从,换来世的荣华富贵",就有人能心领神会,而且在人类历史中,这样的例子数不胜数。哲学与艺术、国家和民族、法律与道德的概念,都是建立在对"虚构"的创造和理解能力之上。研究表明,如果缺乏这种"虚构"的能力,人类社群最多只能维持在 150 人左右。而正是依靠这种交流和理解虚构概念并产生共鸣的能力,大批互不相识的人得以在一个信念或概念框架下合作,人类由此得以创造出高度分工、更加复杂的文明。

而对于**情商**来说,一方面,"读心"让我们从言行的冰山一角,得以窥探他人由信念、人格和价值取向构建的秘密花园,这种能力就是情商的四个象限中**第三象限**"情感捕捉能力"的本质。另一方面,对这种"读心"机制的理解,既有助于内省,从而强化自我情感的知觉与控制(**第一和第二象限**),也有助于更准确地影响他人的情绪,并提升**第四象限**。

那么问题来了:**这种读心能力是如何实现的?它的机制又是怎样的呢?** 这一问题有着悠久的认识论(epistemology)起源,即笛卡尔的"他心问题":既然我们无法直接明了地像感知自我心理状态一样感知他人的心智,我们又如何知道其存在,并窥探除了自身以外的其他心智呢?

下文将呈现出两种不同的解释路径:传统的**理论说**(theory theory)和新晋的、基于**"共情机制"**的**模拟说或共情说**(simulation theory)。而后者便是我们上一章中所见到的、情感主义伦理学中的"共情"概念**发展而来**的产物。

这两种解释路径既针锋相对，又相辅相成。在**综合说**（hybrid theory）中，我将二者进行整合，形成以模拟说或共情说为基础、理论说为补充的体系。这套体系能提供一种对"我们通过什么样的机制，来认知他人的心理世界，并在此基础上与他人互动"问题的解释。在"综合说"小节，我也会揭示为什么"共情"能够作为"**情商**"的本质，或者一种**统御性的原则**。同时，我也将对先前两种学说（理论说、模拟说）做一次更直观的复习梳理。

（注：这一章不论是内容还是结构，都是这本书里最有挑战性的，这也呼应了本章在全书中的最高地位。另一方面，通过反复修改，我也把这一章用我所能使用的最通俗的语言和结构呈现出来，以保证它的可读性。）

诚然，这种**叙述式的**（narrative）对认知模式的探讨，有朝一日会被神经生物学替代，不过，当前的神经生物学只能呈现何种心理活动伴随何处脑区的刺激，却不能提供一种对读心过程的完整刻画。与此同时，正如我们了解"疼痛"本质上是"C 纤维发放"但仍然会在日常生活中使用"疼痛"一样，这种叙述式的探讨有它自身的意义。

上一章中,我们之所以让"同情"等同于"共情",是因为在休谟和斯密的年代,还没有"共情"这个**词语**,他们只能借着"同情"的壳,来表达"共情"的含义。但在今天的语境下,我们既有"同情",也有"共情",两者是不一样的概念。不一样在哪里呢?

我看过一部三分钟的动画短片,一只狐狸(你可以把它想象成一个跌入生活谷底的人)掉入了一个地洞中,无助地大叫说:

"我被困住了,这里好黑,我快受不了了!"

一只鹿在洞口朝里面张望:

"挺糟糕的?别想不开!坚强起来!至少你还活着,知足吧。"

一只黑熊看见后,爬到了下面,这样说:

"嘿,我知道在这下面是什么样子,你并不孤单。"

有时候,我们的"同情"更像是来自鹿的居高临下的怜悯:我们站在自我的坐标体系里面,拒绝与他人发生联结,从而让他们陷入孤独的状态,感觉到自己没有被重视。"共情"(不是严格意义上的)更像那只黑熊,走进别人的处境,蹲下身来说:"我懂你,你并不孤单。"

4.2 读心(上)(理论说)

理论说(theory theory),在哲学领域,是对"读心问题"的传统解释。理论说的**内涵**,简单而言,就是人们依赖一系列**因果原则**,来推断他人的心理状态。这种通过自我经验,总结人类行为中**"刺激和反馈"**(把人想象成一种外界给予刺激他就会产生反馈的动物)的规律,而得到的因果原则,有一个专门的概念用来形容它,叫日常心理学(folk psychology)。这种日常心理学,**并不是**一个心理学子学科,而是每个人对人类行为自我归纳的机制。具体来说,日常心理学,包含了诸如"信念、欲望、意图、情感、情绪"等心理概念;而日常心理学的工作,就是尝试归纳出一种关于这些心理状态的**解释性**的因果原则。

这种因果原则可以用一种日常心理学惯用的形式呈现:因素 y 引起了心理状态 x(当且仅当存在因素 y,则 x)。对于理论说学者而言,这种因果原则是第三人称的,不涉及第一人称的体验性,就类似于观察行星或潮汐。其他人不过是我们周围环境中一些复杂的物理客体。当我们去观察他们的时候,我们只能通过他们表现出来的外在行为,来推断和把握他们的内在状态,并将这些通过推断所掌握的知识,储备进个体的知识库,运用到具体的社会情境中。理论说学者希望,根据所能推断到的他人有限的内在状态,结合个体相互作用的因果原则,将人类复杂的心理相互作用,纳入一种理论架构中来,并借此对他人的行为做出恰当的理解、预测和反馈(读心过程 = 数据库 + 处理机制)。

举个例子,"当一个人失去一样对他很重要的东西时,他就会产生去寻找它的欲望",或者,"得不到的永远在骚动"。根据这种原则,个体能够判断他人的行为,并做出相应的行动。比如说:香蕉对我很重要,而家里的香蕉刚好吃完了,我起身离开家,而楼下有一家水果摊。而当你知道"得不到的永远在骚动"这一因果原则后,你能够:(1)判断为什么我刚刚出门;(2)判断我去了哪里;(3)决定你相应的行动,比如去楼下的水果摊跟我碰头。

换一个更直观的例子:在其他条件相同的情况下,一个阅历丰富的老江湖总是比一个初出茅庐的小辈,更能够游刃有余地进行社会互动。这是因为他对于社会中个体行为、游戏规则等,拥有更加丰富和稳定的知识。这些知识,包括各种《帮助你赢得他人好感的××个诀窍》《人性的弱点》里的**处世诀窍**,或者"切记交浅言深"等等**经验之谈**,从朴素的意义上说,都是因果原则,或是日常心理学"知识理论"。

你说,"理论说讲的不就是社会经验吗？说得挺邪乎"。但是将"社会经验"以及依照社会经验的行为模式**理论化**,有助于评估,这种基于社会经验的行为模式,在何种程度上能够刻画我们在社会交往中的心理/行为机制。

问题在于,人类的信念、欲望、情感等等内在活动,一方面有无穷多,没有一个可以量化的上限；另一方面纷繁复杂,相互区别又相互联系。这样一来,内在的心理状态,就呈现出**不可穷尽**的复杂体系。

这意味着,我们需要储存无穷多的信息,包括成套的规则和原理,以及它们之间错综复杂的关系,才能处理日常交往中纷繁复杂的社会信息。就这一点来说,理论说作为一种对"读心"的解释,似乎不符合演化视角下的**简单性**与有效性原则。

另一方面,人们在预测自己或他人行为的时候,的确会用到经验规律,但人们并不总是机械地使用这些规律,因为在每一种情况中,都存在许多不确定因素。那么我们如何识别这些**非典型**的情境呢?这些经验规律又如何在特殊场合、对特殊人群起作用呢?这些理论说的薄弱之处,恰是没有办法在理论说框架内得到解决的。这些都是下一节中将呈现的,模拟说对理论说的主要批评。

4.3 读心(中)(模拟说/共情说)

模拟说的内涵

模拟说(simulation theory)的出现晚于理论说十年,从诞生之日起,就旗帜鲜明地作为理论说的替代方案解释"读心",近年来又坐拥许多来自实验科学研究成果的支持,大有后来居上的势头。同时期,不同学者对相似的模拟思想进行阐述,因而也产生了不同的学说名称,比如模拟说、共情说等。但这些学说具有相似的内涵,比如站在他人的角度、**模拟**他人的心理状态,想人所想、感同身受,就意味着与他人产生认知和情感上的共鸣(**共情**)。为方便起见,下文将用使用范围最为广泛的"模拟说"

来指代这一理论学派。

模拟说的**内涵**是,人们在理解他人的心理状态和行为时所采用的认知方式,完全不同于理解其他事物(比如机械、天体)时所采用的认知方式。人们通过一种**心理模拟**,以自己的心理状态为模板,通过与他人产生共情的方式了解他人。换种说法,读心者自己和被读心者一样,有相同/相似的心理状态生成机制,因而我们并不需要翻阅人类心理规律的"典籍",而只需要参照自身,或更进一步,将被读者的**初始位置**,输入自己的心理机制中来,使用自己的心智"**镜像**"或模仿他人的心智。这就好比航天工程师,为了预测新设计的飞机真实的飞行状态,会在风洞进行模拟试验,并将读取的参数用来预测真实飞行情况。

这种模拟与共情的机制,正如我们上一节在**休谟、斯密和儒家**思想中见到的,有深厚的哲学渊源。人性中有站在他人的角度体验与思考,产生情感共鸣(**共情**)并进行情感交流的能力(这种从情感主义思想中提炼出来的认知机制,就是我们这一节系统讨论的模拟说**前身**)。这种能力是社会互动的基础,也是社会运行的基石。

这种思想的根源,同样可以追溯到欧陆哲学——现象学(phenomenology)哲学家胡塞尔、施泰因、舍勒等人就明确摈弃了笛卡尔式的心灵观念,从里普斯的学说中找到了人类主体间性的奥秘:共情。在现象学家看来,共情是一种不可简约的、"独特的"经验行为和意识模式,正是由于具有共情能力,人类在本质上是"具心的"生物(embodied creature),所谓"人同此心,心同此理"。归根结底,正是这种人与人之间的同理心,使得人们能够直接感知或体验彼此间的思想、情感和欲望。解释学(hermeneutics),如维科和科林·伍德同样强调"心智状态模拟"在社会学与历史研究中的价值。比如一个历史学家,只有能够在自己的头脑中重构恺撒的某些思想,才能去解释其时代的某些事件。当然在此就不赘述了。

模拟的机制

现代模拟说对基于心理模拟与共情的"读心**机制**"提出了系统的阐述。这种机制的假设很简单,"别人跟我是**差不多**的,他们跟我一样拥有基本的认知、处理和反馈机制"。这套认知、处理和反馈的机制,体现了一种功能主义(functionalism)的视角。所谓功能主义,直观上来说,身体就如同**硬件**,**输入**感官刺激,**输出**行为;而心理状态(在这里就是认知、处理和反馈机制)像计算机**软件**一样,起到处理和决策的作用。当然你也可以把我们的心理机制理解为一种函数,比如 $y = x^2$,外界输入2,心理机制输出4,等等。

建立在这种假设上,模拟说学者希尔引入了一种"**复制策略**",即为了了解他人在某一情境下的心理状态,并对他的行为做出预判和反馈,我会复制他人所处或者将要处于的情境,通过审视并参考我自己在这种情境下的信念、情感、欲望等心理状态,推断我的决策和行动反应。这就好比,为了知道别人吃了柠檬是什么反应,我会自己先吃一片柠檬试试。

值得一提的是,这里的"情境"既包括确定发生的情境,比如我尝试体验"他"正站在领奖台上,面对台下一片欢腾的情境;也包括可能发生的情境,比如我想向"他"表示祝贺,但在这之前,我不知道我的祝词是否得体,于是我先在心中想象我听到自己祝词的感受。

当然,除非被读心者和我是完全一样的复制品,否则预测我的反应和行动,并不完全代表他人的反应和行动。这时我们需要更进一步地对和他人的差异**做出调整**。通过模拟我们认为的他人所处的心理"**初始状态**"（不同于上文"复制策略"中的环境情境，这里的"初始状态"包括他人的人格、价值取向、生活经历等的他人的**心理状态**），来想象世界从他的角度看起来是什么样子的，然后再运用"复制策略"，推断他人在某一情境下的**心理状态和决策行动**，即高登所提出的"**假扮情境**"。值得注意的是，在这一过程中，自己不同于他人的"初始状态"（人格、价值取向、经验等）会被抑制住，因而这一过程也被称为"**自我离线模拟**"。（如下简图所示）

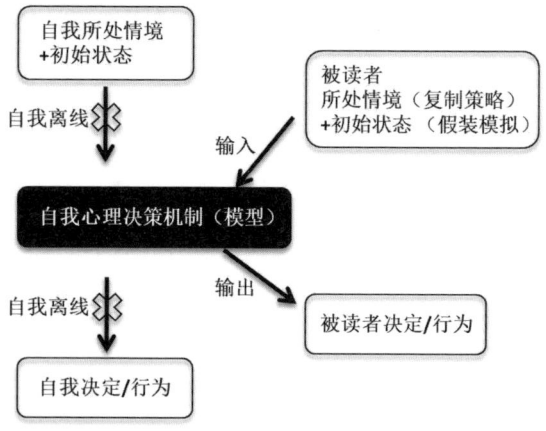

比如，一个围棋大师（白方）想和一个普通小朋友（黑方）下一局让小朋友觉得有意思的棋局，他会运用"复制策略"，把自

己投射到黑方的位置上去,然后采用"假扮情境",把自己带入小朋友的"初始状态"中,包括有限的围棋知识和傻头傻脑的策略。大师借此判断小朋友的下一步棋,并采取自己相应的行动。讲求策略的职业,诸如将军、侦探等,习惯于采用这种模拟模式。福尔摩斯就曾说:"毛利小五郎,你知道我在推理中采用的方法,就是把自己当作那个人,首先衡量他的心智,然后试图想象自己在他的情况下会如何做。"

高登给出了另一个有趣的例子:我和朋友在一间餐厅吃饭,服务生朝我们走来,热情地用斯拉夫语和我打招呼,却没有理会我的朋友。然而我并不会说斯拉夫语,因此我尝试理解这个服务生的行为,以便能做出合适的反应。我尝试使用"复制策略",站在他的位置上而不是坐在我的位置上。这还不够,我需要采用"假扮情境"转换角色。但仅把自己转化成一个普通服务生的角色,似乎不能满足我在这一特殊情境下,做出有效反馈的要求,因此我需要考虑其他条件。有一种可能是,"我是一个来自斯拉夫的在餐厅打工的移民,我认出这个顾客,他是我的老乡,我用母语和他说话他会很高兴"。而另一种荒谬但也合理的可能性是,"我是一个斯拉夫间谍,我正尝试用斯拉夫语和他对暗号,试探他是不是要和我接头的人"。

上述的例子提出了一个问题,"假扮情境"并**不总是有效**。只有在经过(多次)**试错**后,这种基于对他人心理初始状态认知的"假扮情境"才会逐步趋向稳定,以至于我能比较流畅地和他人进行互动。比如在上述的餐厅情境中,我可以先测试"老乡"的假扮情境,回答:"不好意思,你是不是错把我认成了你的斯拉夫老乡?"如果服务生向我致歉,那么我会倾向稳定这种"老乡"的假扮情境。反之,如果服务生继续试探我,和我周旋,那么我可能强化"间谍"的假扮情境。

当然,无论我进行多少次试错,我都不会穷尽所有"假扮情境"的可能性,或者总有一些没有在我考虑范围之内的可能性,跟我列举的可能性一样好。然而通常情况下,人们还是依赖一**种社会惯性**,自然地与他人互动。比如,在一个**共同的文化体系中**,人们共享了大量习俗、信仰、价值取向等,即一种"公共背景",而个体之间心理状态和决策机制的差异并不明显。在这种情境下,我们通常只需要借助"惯性"来进行互动和交流,这也被视为"最小努力原则"或"最小假装原则"。相反,只有在必要的时候,比如进入一个**异族文化**中,比如"蝗虫比鸡肉好吃""黑眼睛永远不会嫁给蓝眼睛"等,或者探入人与人更**深层次的互动**时,我们才可能需要不断地**假扮情境**、**试验和试错**来修正对这一文化情境,或是某个在个体层面上"独一无二"的人的理解和反馈。

4.4 读心(下)(综合说)

论辩

即使模拟说从出生之日起,就是为了在"读心问题"上将理论说批判一番,但它自己也难逃被驳斥的命运。最直接的反驳来自理论说,即模拟的过程难免会有显性或隐性理论**渗透**或**参与其中**。类似的反驳,可能在刚刚对模拟说的阐述中已经有人注意到了。接下来我们会考虑两种来自理论说的反驳:

(1)理论渗透

理论说学者指出,任何模拟都需要一个起点或**初始状态**。当我模拟一个对象时,我需要考虑各种个体间的差异,以决定哪些"输入"(包括人格、背景、价值取向等)是恰当的,以得到恰当的"输出",而在判断"输入"选择的时候,难免有相关的理论知识渗透其中。知识越丰富,模拟越精确。这就好比,用宏观经济模型模拟一个国家的经济情况,除了一个(一系列)基于理论的、广泛适用的模型外,我还需要大量有关这个国家的准确的初始经济数据,才能模拟出合宜的结果。丹尼尔·丹尼特给出了另一个例子:如果我把自己想象成一座吊桥,我需要物理学和工程学理论知识,来推测自己在风中如何摇摆;那么如果我假装自己是那个我想要读心的人,我需要关于他的知识的事实又会有什么不同呢?

(2) 自我模型理论化

理论说学者同时认为,如果我们需要以自己为模型,来模拟另一个人,我们首先需要一套关于**自身模型的理论**,即自我模型理论化。这就好比,在上文提到的经济模拟的例子中,模型本身就是基于理论的、广泛适用的(比如索罗增长模型、内生增长模型等)。同样,如果我们对作为模型的自身的心理机制,缺乏知识和理解,或至少"一个适当的概括",用以总结和概括有关心理反应和影响因素的规律,那么我们基于自身心理模型的模拟则有可能是失败的。

模拟说的辩护

模拟说学者对上述质疑也给出了令人满意的回应。总体来说,我们在"读心"时使用的模拟机制的不完善性,不能成为否定这种机制存在,或者否定模拟说价值的理由。

首先,对于来自**理论渗透**的批判,模拟说学者承认有理论渗透现象的存在,但这种渗透是**次要的**。在读取他人心理状态的过程中,理论知识只作为一种**捷径**,帮助我们在**一般情况**下更有效率地理解他人。所谓捷径是指,这些理论知识可以作为经验,从模拟试错中获得,而且这些知识的**最初**产生,总是来自这种模拟试错。相反,在特殊的情境中,即经验知识没有涉及或详细说明的情况下,我们总是依靠模拟和共情机制,来理解他人的心理状态。

至于丹尼特举出的,人模仿吊桥只需要了解相关的物理学和工程学知识的例子,模拟说学者认为,例子本身有值得商榷的地方,毕竟人理解同类,不同于理解其他物质或物种,而下一节中来自实验的证据也表明,人类在天性中有共情的机制。

关于来自**自我模型理论化**的批判,模拟说学者的回应同样令人信服,即我们完全有可能使用一套机制而无须掌握它的原理。在经济模型的例子中,我们只需将初始数据带入模型,就能得到预测的结论,而在这个过程中无须掌握模型自身的理论。

同样,在理解他人的心理状态和预测他人行为的过程中,我们只需将他人的初始状态,输入以自身为参照的模型中并考察输出结果,而无须精通心理模型本身的运行机制。诚然,我们自身的心理决策机制(或者心理模型)有一套独特而复杂的**算法**(比如可能有某种神经算法指导所有的心智运作),但如果说我使用这套机制自我体验或对他人进行模拟,就等同于明晰并掌握了关于这套机制复杂的理论知识,这种说法还是比较牵强的。

这样一来,面对理论说的攻势,模拟说坚守了自己的阵地,令人信服地对模拟机制的存在性和模拟学说的合理性进行了辩护。另一方面,即使无出其右的地位被撼动,理论说亦在论辩中守住其合理性。既然两种学说在论辩中都无法将对方完全抹去抑或吞并,那么接下来就该轮到二者的综合演进了。下面我会更系统和直观地总结并融合我们之前所接触到的讨论,同时它也会起到系统复习的作用。

综合演进

"分阶读心"模型,可以作为一种理想的、对理论说和模拟说的综合。分阶模型包含两个阶段:(1)**低阶读心**,仅通过简单模拟,并与他人产生**基本的情绪**、**感觉**共鸣来理解他人;(2)**高阶读心**,结合相关知识信息,有意识地通过换位思考进行复杂的心智模拟来理解他人。分阶读心的模型,得到了来自神经生物学证据的支持,即,低阶读心和高阶读心所涉及的脑部活动各不相同:相较于依靠自主神经系统的低阶读心,高阶读心涉及颞叶、后颞上沟和内侧前额叶等负责思维与计划的脑区。

(1)低阶读心

低阶读心更类似于**休谟**所说的自然的情感传递,而并不涉及换位思考和情境假装,也不需要认知系统的参与(意味着低阶读心是潜意识的)。我们也会在下一章中了解到,镜像神经元作为低阶读心的神经生物学基础,使我们能够对他人"感同身受"。镜像神经元的活动意味着,在观察到别人做表情和动作时,我们自己做相似表情和动作的神经元一样会被激活,即我们能体验到自己做相应表情和动作的感受。婴儿在观察到别人开怀大笑的表情时,自己也会下意识地咧嘴笑;而通过自己咧嘴笑,他能体会到自己愉悦的情绪,也能借此对他人此时的心理状态有大致的了解。同样,当看到他人面露难色(表情)时,我们也会下意识地觉得尴尬和窘迫(心理)。

但通过低阶读心对他人的理解,是非常有限的。这种基于神经系统的模仿的本能,既不能使我们推断他人更加复杂的心理状态和意图,也不能帮助我们识别他人表情和动作的伪装。而这种心理行为的复杂性也是社会互动的现实。在这种情况下,我们就需要使用高阶读心,这也是理论说和模拟说的汇合之处。

(2)高阶读心

高阶读心的认知对象是更加复杂的心理状态,包括他人的信念、欲望、意图等,这本身就是情商的**第三象限**,即社会心理捕捉的内容。高阶读心的**机制**是基于认知系统的、有意识的、更为复杂的**心智模拟**(4.3节模拟说中提到的"复制策略""假扮情境"和"离线模拟"都属于高阶读心);而知识信息的参与,既涉及对模拟提供辅助(提供有关情境和被读心者初始状态的知识),也涉及在一般情况下作为模拟的简化替代策略。接下来我们将详细讨论这套综合机制的运作。

(A)前奏——自控和心智延展性

自我心理的管理(情商的**第二象限**)是模拟成功的**前提**。复杂模拟中的换位思考,需要个体**有意识地**将自己的情绪和初始状态(人格、经验等)进行抑制和分离,以便顺利地进入他人的角色。而这种通过自我控制,"离线"自我心智并使自己进入他人角色的能力,也被称为"心智延展性"(mental-flexibility)。

缺乏对自我情绪和心智的主动抑制,即"**阻隔失败**",将会造成对他人心智模拟推理的错误判断。事实上,很多现实中的人际矛盾,也是由于**先入为主**或以自我为中心(egocentric bias)的认知而产生的。

实验表明,这种以自我为中心的认知是人性的一部分:婴儿几乎不能认识到他人心理和感官与自我的不同;即使这种自我中心主义随着年龄增长而减弱,成年人依然常常低估他人在知识、感官和心理状态上与自己的差异性,并将自己的心理状态过度投射到他人身上。比如,心理状态为焦虑和恐惧的实验参与者,更倾向于消极判断他人的心理状态,并对他人给出负面的评价。

换位思考和假扮情境的过程中,主动"自我离线"的存在,有来自神经影像的证据。不同于低阶读心,换位思考系统性地涉及额极皮层、内侧前额叶皮质和后扣带回等脑区的工作,而这些脑区所负责的,正是自我心智和情绪的抑制与管理。额极皮层和内侧前额叶皮质受损的患者,直接表现出换位思考能力受损和极端自我中心主义。

关于自控和共情相关性的证据有两层**引申义**。首先,自我心理控制能力正向地影响我们的共情/模拟能力和对他人心理判断的准确率。自我情绪和初始状态(人格、经验)的阻隔越到位,我们越能够精确地模拟他人的**初始**状态,也因而能更准确地判断在某个社会情境中或是进行某些互动后,他人的心理状态。由此我们得以将共情和情商的**第二象限**(自我心理管理)衔接起来。

另一层含义是,负责自我管理的脑区在换位思考时被激活意味着,共情也可能**反向**地促进我们的情绪管理能力。这也符合我们的日常经验,即当别人的言行使我们产生不悦时,如果我们尝试换位思考,尤其是了解到他人的难言之隐、言不由衷,抑或是无心之过后,我们更容易平息自己的情绪,甚至对他人产生同情。

(B)运行——高阶模拟过程

在成功"自我离线"后,我们便进入高阶**模拟**过程。高阶模拟过程的特征,在于一种有意识的、主观能动的想象。这种想象,既包括想象他人所处的情境(复制策略),也包括想象拥有他人的心理初始状态、进入他人的角色(假扮情境)。

(a)复制策略

重复一遍,复制策略是通过"**站**"在他人的处境上,使用自己的心理决策机制,来模拟他人,但我依然保持自己初始的心理状态。具体来说,在采用复制策略时,我们不仅可以想象他人正在经历或已经经历的**情境**,也可以想象他人**可能**将要经历的情境。比如下围棋时,我们将自己投射到对方的位置上,想象"在对方位置上的**我**"的破敌之策(确定情境)。一幅博弈图景在我的脑海中铺展开来,而这幅图景需要我有意识地去构建。或者,我想表达对他人的赞美,但既不想让赞美阿世媚俗,又不想让它来得无关痛痒,我会先考察自己的听后感(可能情境),再做推敲。这意味着我如果想通过模拟了解对方的心理状态,我首先要能够对自己内心的情感,即使藏形匿影,也能保持高度的**敏锐**,进行有效的**内省**,即情商的**第一象限**:对自我心理的意识。

(b)情景假扮

由于自我和他人在心理初始状态(人格、经验和价值取向)上的差异,仅"站"在他人的角度往往是不够的,我还需要"进"入他人的角色,将他人的心理**初始状态**赋予自身,即**假扮情境**。在下围棋的例子中,我不仅需要想象"在对方位置上的**我**"的策略,还要想象"在对方位置上**他本人**"的策略。尤其当二者风格大相径庭,一个擅长横刀立马,一个则偏爱迂回纵深时,那么这种初始风格的假扮在模拟过程中是有必要的。

就像在棋盘上预判他人的路数,能得心应手地兵来将挡、水来土掩一样,基于心智模拟得出的对他人心理状态的判断,有助于我们对他人情感产生更加准确的影响(情商的**第四象限**)。比如,我若想对他人表达心旷神怡的赞美,那么基于自我观感模拟和反复推敲的语言,总是比直言不讳或道听途说来得练达。

值得一提的是,对他人情感的影响并不等同于"马基雅维利主义",即,在社会交往中,不择手段地操纵和利用他人,将他人视为达成自己目的的工具。不可否认,马基雅维利主义集大成者,必然有卓越的社会心理影响能力,但是使用心理影响能力使他人的生活如沐春风,还是水深火热,这超出了我们所讨论的情感影响作为一种"能力"概念的范畴,而属于"意图"或"人格"的范畴(见第一章)。退一步说,若是由于缺乏基本的、有效的对他人心理的影响能力,而让自己和他人的生活充满"言不由衷"和"无心之过",从结果上看,并不比马基雅维利主义更值得颂扬。总结来说,就像老戏骨在镜前反复斟酌自己的一颦一笑、一举一动,确保在观众心里毫厘不差地刻画出角色的离合悲欢一样,在互动中尝试模拟他人的视角来审视自身的言行举止,再不济,也可以降低沟通成本,幸免那些言不由衷。

(c)试错

但这里一个很明显的问题是,我可能不完全了解,甚至完全不了解他人心理初始状态,比如那些不曾相识的人走进我们的生活,抑或在某些情境下我们发现熟悉的人变得陌生。在毫无任何经验知识可循的情况下,我们唯有通过"模拟—反推—再模拟"的**试错**模拟模式来推断他人的心理初始状态,通俗来说,"他"是什么样的人。

具体来说,当我们对他人的初始状态,即"他是怎样的人",没有丝毫头绪时,我们只能择一关于他人的(最貌似合理的)初始心理状态(类似一种假设),在这种初始状态的基础上,与他人进行互动。在互动过程中,我们根据他人的反馈,来调整先前的假设,选择是强化、怀疑还是摒弃所选择的这种初始状态。

只有在经过(多次)试错后,这种"假扮情境",或对他人心理初始状态的假设才会逐步趋向稳定,以至于我能比较流畅地和他人进行互动。之前提到的例子中,餐厅里,迎面走来的服务生用一门奇怪的语言向我打招呼,我可以先测试"老乡"的假扮情境,回答:"不好意思,你是不是错把我认成了你的老乡?"如果服务生向我致歉,那么我可以强化对他"热情的异乡服务生"心理初始状态的信念,并稳定对这种的假扮情境的选择。反之,如果服务生继续试探我,和我周旋,那么我则可能转而采纳"间谍"的假扮情境。

(C)协同——理论知识参与

回顾一下理论学说中对于"理论知识"的定义,并不是一套严谨的心理理论,而是一系列对"心理影响因素—心理反馈"关系的、**依靠经验的概括和提炼**。值得一提的是,市面上"情商经验谈""人性的弱点"一类的内容,通俗意义上也属于这一范畴。在我们之前的讨论中,我们了解到这套"理论"并非真理。它们不仅内容庞杂,难以统筹协调以适应复杂的社会互动,也没有经过严谨推理,甚至漏洞百出。但另一方面,这些"理论"又能与模拟机制形成有效互补,而且有时能在一般情况下作为"**捷径**"替代模拟过程。

(a)心理初始状态

理论知识对心智模拟最有影响力的互补,在于提供有关他人心理初始状态的信息,即,我们需要这些信息以便进入他人的角色并进行模拟(假扮情境)。这些信息包括他人的人格、经历、价值取向等等,而对这些信息的研究和归纳往往在**人格心理学**的研究范畴,这里仅做简要介绍。

在《尼各马可伦理学》中,亚里士多德分析了许多人格特质,包括睿智、正直、放纵、狡猾等等,并提供了相关的细节特征。我们也许会说亚里士多德是一位业余的人格心理学家,但某种程度上,我们在生活中也扮演了这样的角色,用一系列"**标签**"来描述人们彼此间的个性与共性:在人类层面上,个体在何种程度上和所有人相似,体现出他作为一个"人"与生俱来的特征;在群体层面上,在何种程度上和某一个群体的相似,体现出这个群体的特征;在个体层面上,他如何具有独特的、不可复制的特征(like all other people, like some other people, like no other person)。借助这些人格概念,我们得以解释和预测他人的行为(如将这些心理初始状态带入模拟分析中)。

如何能够不重复、不遗漏地概括人格特征,从而构建一套像生物学"界门纲目科属种"一样分门别类的人格分类体系,并将这些特征准确地归属到他人身上?在古希腊时期,希波拉底就提出"四液学说",比如好为领袖的特征被称为"胆汁质",情感细腻的特征被称为"抑郁质"。人格心理学家尝试构建起严谨的分类体系,比如具有浓厚生物学背景的艾森克人格层次模型、基于社会互动的卡特尔 16 种人格因素系统等。当然还有很多民间的类型学,比如色彩心理学(如红色代表活泼,绿色代表平和),甚至通过星座来描摹和类型化人格(如狮子座有领袖气质、双鱼座敏感细腻)等等,虽然换汤不换药,却也通俗易懂,广为人知。

社会文化和人格的关系同样千丝万缕。社会文化既包括不同国别和种族的风俗人情,也包括职业、社会阶层、跨亚文化圈子自有的作风和价值取向。关于文化和人格的关系,举个例子,我们倾向于认同,在东亚和欧洲大陆文化环境中成长的人,集体意识更强,而盎格鲁-撒克逊文化体系中浸染的个体,有更强烈的个人主义精神;我们也倾向于相信,艺术家更浪漫,医生更奉献,旅行家更冒险。人格不仅能在文化环境中通过观察和模仿被塑造,具有某一人格特征的人,也倾向于选择和他特征相契的职业或群体,即我们所说的自我选择(self-selection)。

这种"**贴标签**"行为本身也是有演化学说支持的(labeling theory)。正如这一章开篇所说的一样,人类的伟大之处在于创造出复杂分工、高度协调的文明,而"贴标签"恰是这种复杂社会互动必要的存在条件。人类心理和行为的复杂性,使其不能像蜜蜂和蚂蚁一样通过简单的信号进行互动,这给互动带来了巨大的**认知成本**,哪怕有关个人的信息都是浩如烟海的,更不要说大规模的社会互动所需的信息了;另一方面,"贴标签"式的分类方法,使我们能够对那些有相同特征的人进行**概括的**认识,而不需要每个人都重新认识一次(很像经济学研究中寻找代理变量)。

这带来了巨大的**规模经济**效益:只需了解一个人,就能几乎不需要任何成本地对这一类人进行认知。这种认知也是促进交流的非常重要的方式:如果你的闺密想认识你的哥们儿,而你非常了解你哥们儿的一个特征——非常贪财,即使你知道他贪财的复杂原因,包括童年阴影、父母卧床、女朋友败家等等,但你只需要告诉你的闺密他是一个葛朗台式的人物,就够了。当然,这种贴标签的认知模式也有许多原罪,最后一章我们会以非常浪漫的方式审判它。

说回心智模拟。为了解他人是怎样的人,获取他人的初始状态(如人格信息),我们先前介绍了"试错"机制。然而,无论我进行多少次试错,我都不会穷尽所有"假扮情境"的可能性,或者总有一些没有在我考虑范围之内的可能性,跟我们列举的可能性一样好。通常情况下,我们会基于自我归纳和习得的**社

会和人格知识,即他人在何种程度和自己相似,又在何种程度上与自己不同,自然地与他人互动。比如,在一个共同的文化体系中,人们共享了大量习俗、信仰、价值取向等,即一种"公共背景",而个体之间心理状态和决策机制的差异并不明显。又或者,我们根据他人的背景、职业和个人经历,结合经验或知识,来推测他们的人格(或初始状态)。在这些情境下,社会和人格知识会给我们在假扮情境中,对他人心理初始状态的选择提供线索和依据,提升我们的模拟效率。

(b)替代捷径

就像对周围人的一颦一笑都不厌其烦地采集和分析,将产生大量的认知成本一样,频繁的共情和模拟不仅可能耗时,而且可以"耗力",即产生"共情疲劳"。而运用关于社会互动经验知识,则可以在一般程度上作为共情模拟的**替代策略**。

这类经验知识,既源于**自我**归纳,也可以来自**他人**的总结和展示,通过阅读与观察习得。比如我通过共情,意识到"如果想取悦他人,就给出心旷神怡的夸奖"这个规律适用于大多数情况,我可以在类似的情境中直接套用这一经验,而无须反复地进行共情。另一方面,共情作为一种能力是人类与生俱来的,但共情能力是出类拔萃还是草木俱朽,则是业精于勤、行成于思的道理。就像任何知识技能一样,有关共情的知识,既来自反复试错和自我总结,也源于口耳相传、著书立说。

我曾经读到过一段令人印象深刻的文字,讲的是如何让夸赞听起来给人以如沐春风之感。操作性很强的三要素:F(feeling,感受),F(fact,事实),C(comparison,对比),即发自内心的感受、历历在目的细节和有血有肉的对比。比如"你的服务很棒!每次杯子里的水不多时,你就补上了。换作别人,我得反复要求好几次,才肯过来"。换位体验一下,听到这样的夸赞确实能让人飘起来。但仅依靠模拟和试错,我们可能不会习得这个有趣的技巧,也可能会,但都没有这一瞥来得有效率。从这个角度看,"共情不够经验凑"也是貌似合理的,那些市面上人际交往的小技巧也不算一无是处,这里也算是小小地正名了。

不过值得留意的是,这类经验知识,严格意义上并不算"知识",而是一种**相关性**或**概率**(当然也俗称套路)。这类"知识"既缺乏逻辑基础,又不曾被严谨地测试。换句话说,其内部有效性(internal validity)和外部有效性(external validity)都未被证实。它们仅仅是对一系列相互关联的事件做出概率上的判断（不过又有什么人类的判断不是基于概率呢？）。比如小时候我调皮，喜欢扯大人的裤腿，大人们通常会疼爱地拍拍我的头，以示宠爱。根据概率，扯裤腿与得到宠爱的相关性，使我产生了"知识"：扯别人裤腿会让我得到宠爱。但很明显，由相关性到**因果性**有巨大的鸿沟。与我互动的人，即概率的样本是有偏的。我的相关性也不足以构成因果性：大人对我递来宠爱，是因为……我是可爱的小朋友？至少不是因为我扯了他的裤腿。而在第二章，我们从诺奖得主丹尼尔·卡内曼那里也看到了，人们的概率判断有多么不靠谱。

另一方面，人际互动的程度越深，我们越会发现自己在和一个不同于其他人的、独一无二的个体打交道，抑或是我们走出了自己的社会舒适圈，暴露在一个大相径庭的社会环境中。不论哪种情况，基于经验和惯例的"知识"都可能随之失效。在这种情况下，我们想要在他人内心的秘密花园游走，赖以生存的似乎只有共情和模拟，万幸的是，it works（这能成）。

最后我用一幅简图结束本章。这幅图总结了三个层面的信息:模拟的过程、知识的参与和情商四象限的整合。这本书最"故作深奥"的章节到这里就结束了,下一章就比较轻松了,在演化和生物学的视角下,我们来看看这种共情能力为什么是人性/动物性的一部分。

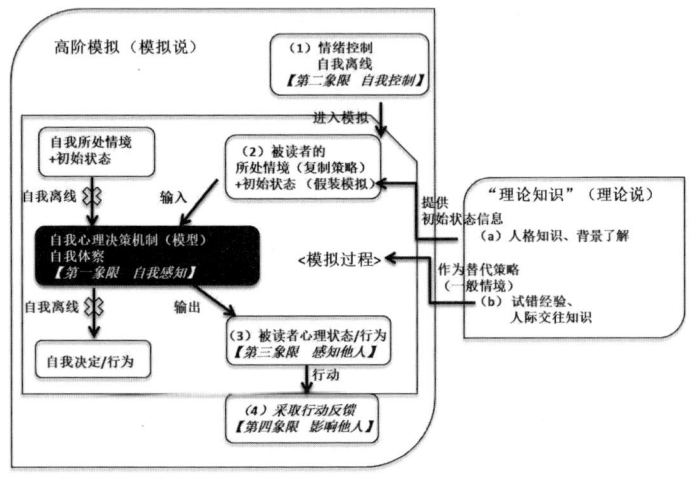

要点梳理

1. "**读心**(mind-reading)",即读取其他个体心理状态、信念、思想的能力,对人类有极为重要的生存价值。

对于**情商**来说,一方面,"读心"让我们从言行的冰山一角,得以窥探他人由信念、人格和价值取向构建的秘密花园,这种能力就是"情商的四个象限"中**第三象限**"情感捕捉能力"的本质;另一方面,对这种"读心"机制的理解,既有助于内省,从而强化自我情感的知觉与控制(**第一和第二象限**),也有助于更准确地影响他人的情绪,并提升**第四象限**。

2. 理论说(theory theory),在哲学领域,是对"读心问题"的传统解释。理论说的**内涵**,简单而言,就是人们依赖一系列**因果原则**,来推断他人的心理状态——通过自我经验,总结人类行为中"**刺激和反馈**"的规律,从而得到一系列因果原则。

3. 模拟说(也可理解为"共情说")(simulation theory),作为理论说的替代方案解释"读心"。其**内涵**是,人们通过一种**心理模拟**,以自己的心理状态为模板,通过与他人产生共情的方式了解他人。换种说法,读心者自己和被读心者一样,有相同/相似的心理状态生成机制,因而我们并不需要翻阅人类心理规律的"典籍",而只需要参照自身,或更进一步,将被读者的**初始位置**,输入自己的心理机制中来,使用自己的心智"**镜像**"或模仿他人的心智。

4. 模拟机制的两个重要环节分别是(1)"**复制策略**":为了了解他人在某一情境下的心理状态,并对他的行为做出预判和反馈,我会复制他人**所处,或者将要处于**的情境,通过**审视并参考**我自己在这种情境下的信念、情感、欲望等心理状态,**推断**我的决策和行动反应。(2)"**假扮情境**":通过模拟他人所处的心理"**初始状态**"(包括他人的人格、价值取向、生活经历等他人**心理状态**),来想象世界从他的角度看起来是什么样子的。

5. 理论知识对心智模拟最有影响力的互补,在于提供有关他人心理初始状态的信息,即我们需要这些信息以便进入他人的角色并进行模拟(假扮情境)。这些信息包括他人的人格、经历、价值取向等等,对这些信息的研究和归纳往往属于**人格心理学**的范畴,而在生活中我们把这种行为叫作"贴标签"。

6. 与使用模拟机制并不矛盾,通常情况下,人们还是依赖一**种社会惯性**,自然地与他人互动。比如,在一个**共同的文化体系中**,人们共享了大量习俗、信仰、价值取向等,即一种"公共背景",而个体之间心理状态和决策机制的差异并不明显。在这种情境下,我们通常只需要借助"惯性"来进行互动和交流,这也被视为"最小努力原则"或"最小假装原则"。

7. 另一方面,人际互动的程度越深,我们越会发现自己在和一个不同于其他人的、独一无二的个体打交道,抑或是我们走出了自己的社会舒适圈,暴露在一个大相径庭的社会环境中。不论哪种情况,基于经验和惯例的"知识"都可能随之失效。在这种情况下,我们赖以生存的似乎只有共情和模拟。

本章参考文献

Barlassina, L. and Gordon, R. (2017). *Folk Psychology as Mental Simulation* (*Stanford Encyclopedia of Philosophy*). [online] Plato. stanford. edu. Available at: https://plato. stanford. edu/entries/folkpsych-simulation/.

Decety, J. and Jackson, P. (2004). The Functional Architecture of Human Empathy. *Behavioral and Cognitive Neuroscience Reviews*, 3(2), pp. 71 – 100.

Harari, Y. (2011). *Sapiens: A Brief History of Humankind.*

Harper.

Heal, Jane. (2003). *Mind, Reason and Imagination*, Cambridge: Cambridge University Press.

Goldman, Alvin I. and Lucy C. Jordan. (2013). "*Mindreading by Simulation: The Roles of Imagination and Mirroring*", in Simon Baron-Cohen, Michael Lombardo, and Helen Tager-Flusberg (eds.), *Understanding Other Minds: Perspectives From Developmental Social Neuroscience*, Oxford: Oxford University Press, 448 – 466.

Gordon, Robert. (2005). "Intentional Agents Like Myself,", in *Perspectives on Imitation: From Mirror Neurons to Memes*, S. Hurley & N. Chater (eds.), Cambridge, MA: MIT Press.

Stueber, K. (2012). Varieties of Empathy, Neuroscience and the Narrativist Challenge to the Contemporary Theory of Mind Debate. *Emotion Review*, 4(1), pp. 55 – 63.

第五章 同情的基因

任何一种具有明显社会性的动物……一旦其智力水平发展到接近或等同于人类的程度,都毫无疑问会产生道德感或道德意识。

——查尔斯·罗伯特·达尔文

5.1 演化——从"我"到"我们"

我们的基因中有没有温情脉脉的一面?我们有没有与生俱来的,关注他人的情感,与他人感同身受,协调彼此的步调,开展"非零和游戏"的禀赋?如果答案是肯定的,这会不会和我们自身的生存相矛盾?毕竟从经济学的角度来说,资源的分配是零和游戏;生物学家也说,人类应该致力于生存和繁衍。两者都遵循"竞争有益"的原则。

人类历史上战事不断,以至于让我们以为这就是本源状态,以为战争深深烙印在我们 DNA 之上。用丘吉尔的话说,"人类故事就是战争史,除了短暂和偶然的中场休息,世界上从不会有和平"。"社会达尔文主义"这个似是而非的生物社会学概念应运而生,它把生命理解成一场艰难的摸爬滚打,而那些成功脱身的人不该被弱者和倒霉蛋拖后腿。自然也好,社会也罢,就是为了把弱者从这个世界上扫清,给有能力的人腾地儿。19 世纪哲学家斯宾塞,把达尔文的自然法则翻译成经济学语言"适者生存",却让我们一直误以为它出自达尔文自己口中。演化生物学家理查德·道金斯写了一本《自私的基因》,再一次将党同伐异、自私自利和人类演化钉在一起,促销"自私"的成功学基因。

有家跨国公司的 CEO 是《自私的基因》的信徒。他曾效仿"自然法则",在公司内部煽动你死我活的竞争。他组织了一个同行评审委员会,每年裁员 20% 以制造紧张和不安。不仅如此,这 20% 的人还不能悄无声息地离开,在此之前,他们的个人信息被放在网站上示众,供他人奚落。这套管理模式遵循的理念是,人类有两种基本的驱动力:恐惧和贪婪(大棒加胡萝卜)。在这套管理模式的反复训练下,公司内部尔虞我诈,对外贪婪剥削。这就是臭名昭著的安然能源公司(Enron),2001 年公司走向全面解体,CEO斯基林因欺诈、内幕交易被判处监禁24年。

有趣的是,绝对的自私恰与自身利益相悖。它限制我们的视野,让我们抗拒长期的情感投入,殊不知这些正是保障人类物种百万年繁衍生息的前提。有一种理论是,达尔文之所以得出"物竞天择,适者生存"的结论,是因为达尔文当年去的是野生动物繁多的热带地区,那里物产丰润、适宜生存,更大的动物密度带来了更高的竞争。同时期的俄国博物学家彼得·克鲁泡特金在《互助论》中得出了截然不同的结论。他的灵感来源于冰天雪地、环境恶劣的西伯利亚平原。就连我们今天所推崇的"狼性文化"的主角,在广袤的西伯利亚平原上,狼群被大风吹散,葬身积雪之下,个体并非每天你死我活地争斗,相反,它们尊崇公有制原则,毕竟在极端恶劣的环境下,不同仇敌忾,只有死路一条。

漫长的演化中,人类也有着相似的命运。7万年前,这个星球人烟相当稀少,全球只有几千人,一小撮一小撮地散居,差点绝迹。同其他灵长类动物一样,人类极其争强好胜,甚至是最具侵略性的灵长类动物。尽管如此,人类也善于交流,交流思想和情感,进行深度合作,互谅互让。我们不会毫无保留地信任与合作,那是幼稚而无益的;但我们也绝非彻头彻尾的寻衅滋事之徒,生存靠的不仅是铲除异己或资源独占,也有合作与分享。

不论是对于人类还是其他动物,其生存对合作与分享的需求,直接体现在共情作为人性的一部分(演化的产物)得以保留。演化从来都不留情面,只留下那些对于生存必不可少的部分。当哺乳动物进化出亲代养育行为时,需要具备对后代疼痛、危难等情感信号的回应能力,于是原始的共情就出现了。当共情能力出现以后,它可以扩展到亲代养育环境之外,并在广泛的社会关系网中起作用。

人类的共情促使的利他行为可以扩展到非亲属,并且被内在奖励(多巴胺系统)和来自他人的外在积极社会反馈共同强化。一方面,共情有助于我们理解他人的情感,通过促进交流来提升社会协调与合作。通过分享他人的情绪,我们可以理解他人的感受。共情使我们更加准确和迅速地判断他人的行动,同时也提供了重要的环境信息。它就像一台高效的计算机,帮助我们从周围世界获取有价值的信息。

另一方面,共情作为天性使我们本能地、有意愿地关心他人并对他人伸出援手,从而促进了利他行为的产生并抑制了反社会行为。就像情感主义伦理学家议论的那样,如果道德纯粹来源于理性,即使我们清楚无误地知道某个行为的道德性,我们也很难像在生活中一样自然地产生道德感,甚至下意识地给他人提供便利。道德必然来源于情感和人性,而我们这一章所要揭示的,就是哪些来自实证研究的证据对共情能力作为人类的基本属性,即"刻在基因里的共情"提供了支持。

5.2 镜像

1953年,DNA的发现改变了生物学。DNA是生命的蓝图,帮助人们理解有机体如何被构造、如何进化以及疾病如何产生等一系列问题。

2000年,印度裔美国心理学家拉玛昌德拉对当时新发现的某一类脑细胞——**镜像神经元**进行预测时,援用DNA的划时代意义进行了类比:"我预测,镜像神经元对于心理学的意义,将如同DNA对于生物学的意义一样:它将提供一种统一的框架,来解释迄今为止仍然神秘未解而又难以付诸实验验证的众多心理能力,从而奠定人类在模仿、学习和理解的重要神经学基础。"

更进一步,加莱塞和高曼认为,镜像神经元是共情(和模拟说)的神经基础。

在英语里,把"猿猴"这个名词当动词用,就有"模仿"之意。1985年神经生物学家里佐拉蒂等人在电生理学的实验中发现,简单来说,猴子在做特定的手部动作(如抓取、紧握和撕扯物体)时,猴脑部的腹前运动皮层(ventral premotor cortex)区域的神经元会放电。他们把这个区域称为F5区,认为这个区域具有对猴子手部动作进行表征(representation,即外部事物在心理活动中的内部再现、贮藏和加工)的功能,换句话说,这些神经元组成了一个手部行为的"词汇表",对手部行为进行描述。

1955年,里佐拉蒂和加莱塞及同事在对另一波猴子的实验中,发现了一个更有趣的现象。F5区域的神经元,不仅会在猴子自己做这一动作时放电,还会在一只猴子看到另一只猴子(或者人类)做相同或相似行为的时候被激活。这些神经元就好像镜子一样,把观察到的他人(他猴)的行为,反射在观察者自己行动的神经元上。这些神经元也因此被命名为镜像神经元——这些神经元像镜子一样反应另一个主体的行为。

加莱塞在进一步的研究中发现,这种神经元的活动并不是任意的,它可能会**推断行为及其意图**。新的实验中,给猴子看到花生被放到屏幕后面的过程,而人的捏花生行为的最后一部分被遮起来,猴子大脑中,自己捏着花生吃会启动的区域,仍然会被激发。这一实验意味着什么呢?——镜像神经元为我们如何理解他人的行为提供了一种简单的答案。"它是打算偷走我的食物呢,还是只是要去喝水?"由于在猴子执行行为以及观察其他猴子执行相似行为时,镜像神经元均产生了放电,所以,如果猴子能理解自身行为的意义,那么,通过在神经运动系统中模仿他人的行为,它也就能理解他人行为的意义了。

大量有关镜像神经元的证据在人类身上被发现,但受制于实验伦理,目前一般采用 PET(活体生化成像)、fMRI(功能性磁共振成像)等非侵入性的脑成像技术来检验人类在执行与观察他人行动过程中,所激活的脑区是否存在重叠。借助上述方法,研究者发现在人类大脑的顶下小叶的喙部(IPL)、中央前回(PG)的底部以及额下回(IFG)的后部在功能上具有类似猴子的镜像神经元的视觉—运动对应特征,上述区域也被视为人类镜像神经元系统(mirror neuron system)。

镜像神经元的发现对共情（以及模拟说）提供了怎样的证据呢？这种特性不单让我们可以想都不用想，就能执行基本的动作，同时也让我们在看到别人进行同样的动作时，不假思索就能够心领神会。镜像神经元能够帮助我们理解他人行为：观察者（读心者）观察到其他个体行为，和他自己对该行为的执行，激活了同一片脑区。这说明个体会对他人的行为能够直接体验并产生共鸣，并可能通过自身的共鸣状态或模拟状态，来匹配他人行为，以此对该行为的意图和心理状态进行解释，即**"感同身受"**。

20世纪90年代末期开始，许多研究者发现镜像神经元的作用，不仅限于语言和动作领域，还有社会认知、社会互动和文化互动领域。1998年，一篇有关镜像神经元和社会心理认知的论文点燃了这一领域的研究热情（过去15年间，在所有心理学和神经科学的文章中，这篇文章被引用的次数尚未被逾越）。由镜像神经元的发现者之一加莱塞和哲学家高曼撰写的名为《镜像神经元及心智解读的模仿理论》的论文中写道，人类解读他人心理的能力是以镜像神经元为基础的。

引用加莱塞和高曼的话来说：

在意向心态归因(推测他人的意图,即读心)领域里,存在一种从非人灵长类到人类的"认知连续性",而镜像神经元表征了这一"认知连续性"的神经关联。灵长类已经表现出了对动作目的理解能力,这种能力有赖于将观察到的行为与观察者自己的行动计划匹配起来的加工过程。在进化路径中,理解动作目的是通往充分发展的人类能力所必不可少的步骤。

换句话说,如果镜像神经元使猴子得以通过动作模仿来识别他者的动作,那么,镜像神经元回路(回路是指执行特定功能的神经系统)只需再多进化几步,就能在语言或心智解读领域实现相同的功能。在语言领域体现为:我知道怎么说话,也知道我说的话是什么意思,因此,通过在大脑中模仿他人说话,我可以理解他们的发音动作。在心智解读领域体现为:我知道自己的心理可以反映出不同的心理状态(思考、欲望、信念),因此,通过用我的心理来模仿他人所处的情境,我可以理解他人的想法。模仿,或者说观察—执行匹配,对如何实现这些能力以及镜像神经元如何成为其背后的神经机制做出了解释。这就是小节开篇拉玛昌德拉所说的"镜像神经元对于心理学的意义"。

对于镜像神经元的形成问题,来自进化立场的观点认为,在种系系统发生史和个体发生学(ontogenetic)中,诸如动作再认和观察学习这类对生存至关重要的能力在某种程度上可以成为一种先天的能力。如果有机体的某一特征有助于其自身实现某种特定的功能,那么这种特征就是一种适应。海斯根据这一定义,将进化立场的观点进一步概括为适应。具体来说,人脑中的镜像神经元被认为是个体在社会认知活动过程中对动作理解的一种适应,而这种适应的本质就是迫于环境压力的一种自然选择。根据这种观点,人脑中的镜像神经元可以在神经元水平上表现出遗传倾向。换言之,镜像神经元是生来就有的,而共情则是人类的天性。

简而言之,人类可能经由一种先天的投射的机制,激活引起本能动作反应的脑区,来理解情绪。当然,这种理解情绪的镜像机制,不可能解释所有我们对人际关系的认知,但这至少是头一回,我们有个可用的神经基础来了解某些人际关系,也由此才得以进一步了解更复杂的人际行为。

5.3 模仿

英国前首相布莱尔在家的时候会正常走路,可一站在美国总统小布什旁边,和他共同面对照相机时,就突然风格大变,活脱脱成了美国牛仔:两条手臂松松垮垮地耷拉在身旁,走起路来昂首阔步,大摇大摆。布什走路当然一向这么趾高气扬,他还解释说在他的家乡得克萨斯,这就叫"走路"。

模仿之于共情(模拟说)的关系是三层的。首先,共情作为一种天性体现在我们对其他个体下意识的模仿;其次,模仿(作为一种共情的体现)有助于我们更好地进行社会认知;最后,模仿有助于培养亲社会行为和促进社会交流。

首先,通常情况下,人会无意识地用动作来附和别人。一些生活中的例子包括:同他人交流时,我们会下意识地对对方的语言、语调、语速进行模仿。父母用勺子喂小宝宝,他们自己也会做出咀嚼的样子,难以抑制感宝宝之所感。家长看自己小孩在台上表演唱歌,往往全情投入,恨不得对着口型一起唱。当足球爱好者看到自己钟爱的球队带球,就忍不住跟球员一起又踢又跳。

来自实验的证据主要集中在对面部表情的研究上。比如,当观察到他人愤怒的表情时,实验者有更多的皱眉肌活动,而面对喜悦表情时则有更多颧肌活动。这与加工自身相应情绪的肌电反应一致,即使被试是在无意识状态下,也会诱发相应的反应。更进一步,高共情群体观察到他人不同表情后有更明显的肌电反应差异,低共情组则无显著;高共情组相较于低共情组能更加准确地识别表情和情绪内涵。与此同时,影响证据显示,观察和呈现的情绪化面部表情(如开心、发怒、悲伤等)图片,都激活了颞上沟及额下回(传统上认为的镜像神经系统组成部分)。当然,这仅仅是镜像神经元作为模仿的神经基础的一个例子而已。

简单来说,这些下意识的模仿,作为一种共情的表现,体现了共情是人类天性的一部分。

其次,模仿有助于我们认知他人的心理。对于模仿与共情的讨论离不开**具身认知**(embodied cognition)的框架。不同于从前我们认为的大脑负责指挥,而身体只负责执行,具身认知学说主张身体在认知过程中也发挥着关键作用,身体的构造、神经的结构、感官和运动系统的活动方式决定了我们怎样认识世界。对于模仿如何辅助我们认知他人的心理,正如我们在前一小节看到的,镜像神经元作为模仿行为神经基础,对此提出了解释。观察到他人的行为和表情,激发了我们自己产生这些行为和情绪的脑区,这让我们得以通过对自己心理行为的理解,来理解他人。换句话说,我们让他人的一举一动、情绪的波澜,都在我们的身心激起共鸣,让自己走进他人的视角和内心世界,窥探他人的心理。

相比于作为天性的表露和作为理解他人的助力,一个同样有趣也有意义的、关于模仿和共情的视角在于,共情如何能通过模仿在成长过程中被培养,而成为亲社会性行为的基础,而模仿本身又能如何促进亲社会行为。

在**发展心理学**领域,以达蒙、霍夫曼和萨吉为首的心理学家认为,婴儿部分的共情反应是纯粹、本能的;但随着年龄的增长,共情的能力会慢慢的内化至价值观,直至成为道德行为的核心。这就需要在后天培养中,通过学习和模仿,儿童学会鉴别他人的情感状态,并掌握采取何种方式来应对。

成长的过程也是共情能力逐步发展的过程。以对悲悯的同情为例,婴儿早期,新生儿就能够将自己和他人的情感联系起来,但尚不能区分自我和他人的情感的边界。此时情感的传递更类似一种"传染",比如当他人哭泣时,婴儿会自动地产生外露的忧伤。在1—2岁时,孩童能够将辨别到的他人的忧伤发展为真诚的关心,但还不能将这种情感转变成有效的行为。在儿童早期(约3岁开始),儿童能意识到每个人的观点都是独特的,他人和自己有不同的情感与需要,且不同的人对同一情境会有不同的反应。如此,儿童会对他人的忧伤做出更适当的反应,提供相应的帮助。而在10—12岁,少儿发展出对处于不幸困境中的人——穷人、流浪者及残障人士——的共情。到青春期,这种共情能力将给个体的意识形态和价值观念带来人道主义的色彩。

作为儿童榜样的父母,在此期间如果经常向儿童做出有关利他行为的宣扬,赞赏那些共情能力高、表现出亲社会行为的儿童,那么这些奖赏产生的积极影响,并且与亲社会的行为联系起来。这种激励若配合父母身体力行的助人行为,久而久之,共情能力就成为儿童的一种自我的强化。同时,这也帮助儿童内化社会规则及责任,进一步促进了共情能力的提高和利他行为的发展。

二战期间,日本驻立陶宛的代领事杉原千亩在明知帮助犹太人会毁掉自己外交官的生涯后,依然为他们开出了几千张出境签证。是什么原因让他做出如此的牺牲?通过回顾他的生长经历可以找到原因:首先,在他的童年时期,他亲历了父母的善行。他的父母帮助陌生的旅者,给他们提供关怀和避难所。这种早期的经历使杉原将更为广泛的群体纳入"我们"的概念中。其次,杉原与一名犹太少年保持着良好的关系,既而也获得了与少年家庭进行社会交往的机会。如果对个体的困境表现出共情,那用相同的方式帮助其他相似的人也理所应当。

透过扩展"我们"的概念、早期与受害者的关系以及助人的自我形象这三个相互关联的因素,杉原千亩的行为就不难理解了。这些看似平常的助人为乐的动机和行为,却影响着共情能力和亲社会行为。

我们不仅会模仿那些我们认同的人,而且这种模仿还能反过来拉近人和人之间的关系。人类的母亲和孩子喜欢玩拍手游戏,他们相互击掌,或者按同样的节奏拍手,这些都属于身体同步游戏。实验表明,被模仿者会更加乐意表现出亲社会性(prosocial),包括表现得更加慷慨和乐于助人。这种亲社会性不仅仅面向模仿者,同样也会面向其他人。其中一个有趣的实验是,着装与教授相同或相似的学生,被教授注意到后,更能赢得教授的好感。

想象一下,情侣见面会做什么呢?肩并肩地走路,一起吃,一起笑,随着韵律起舞。同步有加强联系的作用。拿跳舞来说,舞伴在动作上要彼此互补,预想对方的动作,或者用自己的动作带动对方。跳舞就是摆明:"我们同步啦!"而利用同步来增进情谊的手段,动物已经用了几百万年了。

苏门答腊的丛林深处生活着一种叫合趾猴的猿类。合趾猴颈部长着巨大的喉囊,叫声通过喉囊得以放大,不仅音量非同一般,而且声音毛骨悚然。后来有人意识到,这么大的声音肯定不是一只猴子唱出来的。对大多数动物来说,赶走入侵者是雄性的活儿,可合趾猴以小家庭为单位生活,因此御敌任务由雌雄双方共同承担。当雌雄二重唱组合对同种的其他个体吼叫来宣誓主权时,它们也在宣称"我们伉俪情深"。

但合趾猴要相互模仿、发声步调一致,也非一朝一夕。和谐对维持伴侣关系和维持领地都起到了至关重要的作用。一对合趾猴有多亲密,别的猴子一听便知,一旦察觉纷争便可以趁机跟进,挑拨离间。

合趾猴婚姻关系的好坏,全写在了歌声里。

5.4 异常

根据共情的社会功能,它可以帮助人们理解和感受他人的情绪和心理状态,从而促进人们之间的相互关系的建立和发展以及亲社会行为的发生。那么反社会人格障碍与共情是否有关系呢?

史密斯在2006年提出,反社会人格障碍患者是情绪共情低下同时认知共情发达,共情缺陷所造成的对他人情绪状态特别是对他人恐惧和悲伤感受能力的低下是形成反社会人格的一个主要原因。戴维斯认为共情抑制攻击的两种情形:一、对被害者痛苦的**情感反应**会减少攻击者攻击行为发生的可能性;二、**观点采择**可能会抑制攻击行为的发生。

布莱尔提出用**整合情感模型**(integrated emotion systems)来解释精神病态和反社会行为(对应上述的"**情感反应**"假说)。模型假设个体存在着由他人的恐惧或悲伤表情激活的系统,为避免由受害者产生的恐惧或悲伤表情引起的负性反馈,就会激活该系统并向腹内侧前额叶提供强化信息,腹内侧前额叶表征这些信息并进行社会性决策,包括道德决策。精神病态个体在识别他人的恐惧或悲伤情绪上存在困难,这导致他们对厌恶信号的学习能力下降,不能引发共情反应,阻碍了正常的道德社会化进程,他们容易通过攻击的方式达到个体的目标。元分析发现,青少年的恐惧面孔识别缺陷与其反社会行为存在关联。如果他们曾经受到伤害或者是受害者,可能会引发敌意归因偏向,他们认为环境中具有更多的威胁信号,更容易通过攻击行为保护自己。

另一种模型,即维尔科夫斯基和鲁滨孙的**攻击的综合认知模型**假设了从敌意情境刺激到愤怒和反应性攻击行为之间的认知加工过程,并考察了敌意解释、反思注意和努力控制三种认知加工过程对攻击的影响(对应上述的"**观点采择**"假说)。认知共情对上述三种认知加工过程都存在一定的影响。认知共情对由挑衅引发的反应性攻击行为的抑制作用可能存在两种方式：首先，认知共情直接抑制愤怒的唤醒。如果攻击者认为挑衅者不是故意的，而是不可避免的或者是合乎情理的，那么人际间的愤怒唤醒可能会随之减少。其次，高观点采择能力者能够维持高水平的认知控制。在冲突情境中，具有采纳他人观点能力和意向的个体，会对他人的处境有更多的理解，会出现更少的敌意和攻击行为。相关研究也发现，在大学生和暴力犯罪群体中，观点采择是由挑衅引起的愤怒反应的最强预测因子。

自闭症也是共情研究者们关注的一种精神障碍。自闭症患者一般表现出广泛的社会交往缺陷。他们不愿意和别人接触，好像对他人的感受也无动于衷。一般认为自闭症是一种共情缺陷的症状。但关于这种共情缺陷的神经基础却有不同的意见。一种观点认为自闭症仅仅是对他人观点采择能力缺陷的表现，其情绪共情能力是正常的。另一种看法认为自闭症的患者不仅仅对他人想法和意图的理解能力有缺陷，同时对他人情绪感受的理解也有缺陷，他们在社会交往中是笨拙而冷漠的。从行为学和认知神经学的研究结果来看，近期的大部分研究证明了前者。关于自闭症的成因和内在神经机制还需要借助现代脑成像技术进行进一步研究。

共情是不是越多越好呢？有一种罕见的遗传缺陷——威廉姆斯综合征（Williams syndrome），源自第七号染色体上若干基因无法表达的患者表现出对陌生人过度友好，在新环境中不感到害羞，但对新情景表现出极度焦虑，对他人情感非常容易发生共情，是一种**情绪共情**过度发达，但**认知共情**不足的情况。如果你问一个患自闭症的孩子："如果你是一只鸟儿会怎么样？"你可能不会得到任何回答。但如果你问一个患威廉姆斯综合征的孩子，他会立刻跳起来，两眼放光，扑棱着手臂做出飞翔的动作："这个问题太好了！我要在天上自由自在地飞，要是见到一个小女孩，我就落在她头上啾啾叫！"

你可能并不会想和他做朋友，八成会躲得远远的。他也许永远会叽叽喳喳说个不停，又或许永远不能理解你的心思。

要点梳理

1.同其他灵长类动物一样，人类极其争强好胜。尽管如此，人类也善于交流，交流思想和情感，进行深度合作。我们不会毫无保留地信任与合作,但我们也绝非彻头彻尾的寻衅滋事之徒,生存靠的不仅是铲除异己或资源独占,也有合作与分享。

2.不论是对于人类还是其他动物,其生存对合作与分享的需求,直接体现在共情作为人性的一部分(演化的产物)得以保留。

3.实验发现,猴子F5区域的神经元,不仅会在它自己做这一动作时放电,还会在一只猴子看到另一只猴子(或者人类)做相同或相似行为的时候被激活。这些神经元就好像镜子一样,把观察到的他人的行为,反射在观察者自己行动的神经元上。这些神经元也因此被命名为镜像神经元——这些神经元像镜子一样对另一个主体的行为产生反应。这意味着,如果猴子能理解自身行为的意义,那么,通过在神经运动系统中模仿他人的行为,它也就能理解他人行为的意义。

来自影像学的证据表明,人类拥有更加发达的镜像神经元系统,这意味着人类可能经由一种先天的投射的机制,激活引起本能动作反应的脑区,来理解他人心理。这就是来自神经科学的,对模拟说最有力的证据。

本章参考文献

Dahl, A., Campos, J. and Witherington, D. (2011). Emotional Action and Communication in Early Moral Development. *Emotion Review*, 3(2), pp. 147–157.

Gallese, V. (1998). Mirror neurons andthe simulation theory of mind-reading. *Trends in Cognitive Sciences*, 2(12), pp. 493–501.

Hickok, G. (2010). *Mirror neurons*. Amsterdam [u. a.]: Elsevier.

Waal, F. (2010). *The age of empathy*. New York: Three Rivers Press.

Wilkowski, B. and Robinson, M. (2007). The Cognitive Basis of Trait Anger and Reactive Aggression: An Integrative Analysis. *Personality and Social Psychology Review*, 12(1), pp. 3–21.

第六章 一种人文情怀

6.1 成其为人

最后一章其实算不上一章,杂文而已,想说点关于人文和人性的东西。这种主题写不长的,尤其没法子写成结构严谨的章节。一方面,维特根斯坦都说了:"凡是能说的,都能说清楚;凡是不能说的,都要保持缄默。"人文和人性刚好落在"保持缄默"的范畴里无误,说上一说都进退失据。另一方面,人文和人性又在不同的事物中变现出来,呈现为形式,尤其是艺术,因其通达人性,在艺术中变现出来的形式魅惑又扑朔迷离;而人类文明史又是一部艺术史,人类文明亦未停滞不前,从这个角度来说,人文和人性又是浩瀚不竭的。这一章就权当是这些生气勃勃的对象的一个引子吧。

这本书讨论了关于情商的一些问题。书名含"动物精神"，旨在说明人性与动物性的距离并没有想象中那么遥远。人类尝试用"理性"把自己置于宇宙中心，但理性被情感层层裹挟，人类行为被情感步步驱使；而这种情感，正像书中反复提到的，是演化的产物，是有动物性于其中的。这也是情商中"情"的概念。

但另一方面，情商中的"商"是智性，有人性。情商必须是依托于"人"的存在，正因为有了"人"、有社会、有情感互动和沉思反省，情商才有意义。归根结底，即使对情商的认识存在分歧，但唯"情商闪烁着人性"不疑。

然有问：人何时成其为人？

我特别喜欢艺术史学家朱青生的答案：人的品质由人性的分层决定，即作为物质的存在（如山石），作为生命之物（如鸟兽），作为生活常人（如众生）和作为有人文情操者（谓之人也）。山鸟虫石不能自言，任人评说，而从常人到一个有教养的人，飘摇于俗世之上，则是人与人高下之别，也是幸福的归宿。由是推之，引人离开物性、脱出兽性，超越欲念而趋向高明道路，此所谓人文；修养和培育人文的方法，即是艺术；对方法的分类和建造则是人文学科,而对人文学科的理性研究则是人文科学。

人文领域的一面是哲学。

哲学像一条暗线贯串了这本书。哲学起源于沉思和自省。人沉思反省,可达千古之边界,那里,人成其为人;沉思反省通达之处,则为人文。人有一种把自己经历过的东西系统化的能力和倾向,于是他们就用概念、推理和逻辑把自己对世界与人生的本质的思考变成理论体系,这就是哲学。不可否认的是,哲学根植于理性。理性的特点是逻辑,即通过语言、数字和逻辑符号把因果关系进行分析和归纳,再提炼成原理和规律。

不错,哲学建立起概念体系直接诉诸人的理性或抽象思维。但因此许多人忘记了哲学的起源,久而久之便形成了这样一种偏见:哲学是纯粹抽象的理性,排斥人的感觉、情感、直觉和灵感。于是哲学变成了让很多人生厌的枯燥的理论体系,变成了一堆生硬的逻辑结构。

这种生厌大概是有道理的,这种演变抑或退化也大概是违背哲学本性的。哲学解释世界、规律,但首先是人本学,因为哲学所思考的世界是以人为中心的世界,因此不思考人就无从思考世界。这样,人既是哲学思考的主体,又是哲学思考的对象,对这种作为主体的对象的客观思考正是这种作为对象的主体的反思,这种反思当然必须直接建立在哲学家鲜活的体验之上。不仅如此,哲学有时还需要运用艺术去呈现,因为当哲学运用抽象的概念时,往往打碎了原始而生动的体验,结果飘忽不定而又美妙生动的东西在抽象的概念中遗失了,抽象的概念就显得捉襟见肘了,因此必须直接借助于艺术语言,借助于意象把那些原始的东西呈现出来。

许多西方哲学家都认同依托直觉来把握实在,如谢林、叔本华、尼采、柏格森、胡塞尔、海德格尔、萨特等,他们既有高度的理性,又极力推崇直觉。刚好因为在某一刹那突然感觉到了某种深邃的、若隐若现的东西,哲学家们才能捕捉和表达它们,比如海德格尔从一种畏惧的体验去分析生命与死亡,萨特从一种恶心的体验去分析人与世界。因为他们在那一刹那的体验不是单纯的感觉,而是一种理性直觉,是包含了对对象本质的惊鸿一瞥,而把这种直觉生动地表达出来,我们也得以在此产生情与理的共鸣。甚至像黑格尔这样晦涩的哲学家也浪漫地谈到理性与审美的关系:"现在我深信,由于理性包含所有的思想,理性的最高行动是一种审美行动。我深信,真和善只有在美中才能水乳交融。哲学家必须和诗人具有同等的审美力。我们那些迂腐的哲学家是些毫无美感的人。精神哲学是一种审美的哲学。一个人如果没有美感,做什么都是没精打采的,甚至谈论历史也无法谈得有声有色。"

黑格尔的《精神现象学》正是以席勒的一句诗结尾的:

"从整个灵魂王国的圣餐杯里,无限性给他翻涌起泡沫。"

人文的另一面是艺术。

这就难怪人类学通过时空下人类的文化和艺术来研究和理解"人"的纷繁和演变。人类学家认为艺术反映了一个民族或部落的文化价值和关怀,通过艺术可以洞悉一个民族或部落的世界观,了解他们如何安排自己的世界。我曾经看过一个关于中国传统吉祥图案的研究。那些妇孺皆知的象征符号,用通俗易懂的图案形式,就建构和呈现了一个东方帝国的理想世界:君贤臣忠,天下太平,国泰民安,物阜民勤,风调雨顺,五谷丰登……它们生动无比,也反映了黎民百姓对于国家、宗族和家庭以及个人成功的观念,还有那些情感寄托和生活希冀。

艺术当然可以是关乎历史和部落的陈述,但是艺术的功业不仅于此。艺术的表现是一种感情的表达和形象的创造,凝结为一定的意象、音韵和故事等。它们诉诸人的感情和想象,激起人感情上的共鸣和想象力的上下翻飞。但这又只是一个侧写,单是这一面不足以区别伟大的艺术和泛泛的艺术。能够称得上伟大的艺术作品,必然在有限的形象中包含了深刻的内涵,包含了知识、精神、价值甚至伦理,也就是说,达到了"形而上的"高度,达到了黑格尔的"理念的感性显现"。艺术家们把艺术看作是他们思考世界和探索人生基本问题的途径,这需要艺术家善于发现、捕捉和把握住那些意味深长的感觉、感情和灵感,在他创造的形象和意境中透露出某种思考、人性、震撼的深邃或宏伟的力量。

古希腊艺术距今三千年而魅力不竭,奥秘就在于它独特的人本精神。神话作为古希腊艺术的代表产生于远古,是古代希腊人借助想象对自然和周围社会进行认识和理解的朴素又生动的产物。古希腊人信奉多神教,他们把那些不以人的意志为转移的各种强大的自然力或其他令人不解的现象和事物统统理解为神力的表现。介于神和人之间的是英雄,他们往往具有神的血统,具有超常的能力。古代希腊人为这些神和英雄构想出故事,讲述宇宙的产生、人类的出现、神的生活、英雄们的伟绩以及神与人类的关系等,构成一幅鲜活的图景、宇宙的嬗变史和人类生存的颂歌。另一方面,古希腊神话赋予神类似于人性的神性。他们的神也像人一样思想和生活,像人一样有喜怒哀乐,互相也有矛盾、敌视、妒忌、欺诈、争斗、爱慕,人把自己的爱恨情仇、滑稽荒诞搬上了奥林匹斯的舞台。古希腊艺术就这样,自始至终贯串着人本精神。

有人说,现在可能已经没有能像 19 世纪俄国的陀斯妥耶夫斯基那样写小说的作家了。因为现在已经没有人像他那样有悲天悯人的胸怀去体恤不幸,以宗教圣徒般的热忱去思考宇宙人生中的悲剧。读他们的作品就像读哲学著作一样,它们不断提出问题、拷问人性,却不一定会有答案,就像生活在不断给我们提出问题,却不见得都有答案。但那些关于人性的拷问萦绕在耳边,好像并没有什么解决的希望,这种感觉使我们绝望,进而求索,又或是在某一刹那体验人性在绝处逢生的希冀。

你看,哲学和艺术作为人文的一体两面,互相成就彼此。哲学和艺术的汇集之处,实际上就通向了更宽阔的方面,透过这些活动,人能够描摹世界的本质和人的本性。

6.2 人文情商

说远了,怪抽象的,感觉还有点严肃了。回过头看,引出这些关于人文讨论的是"情商不能脱离人而存在",而要"成其为人""洞察人性"就离不开人文,离不开人文气息扑面而来的哲学、艺术、历史等等。当然,大部分人也的确没有必要把自己置身那些过于宏大的,甚至水深火热的人文范畴,也没有必要修炼出仙风道骨以达千古之边界。

我们其实可以选择这样一种哲学,它并不要是那种枯燥的、非人化的理论体系,它可以只是人的真切体验的凝练,可以是朴素但富有情感的生命力的沉思和自省。我们可以选择这样一种艺术,它不用费心负荷真理,也不用刻意制造炼狱煎熬人性,它可以简简单单地保护人不变成牲畜,使我们在衣食无忧甚至横刀立马中也有机会心情忧郁、眼泪汪汪、敏感和深沉。这就是歌德所说的:"人所能达到的最高境地,就是他明确地意识到他自己的信念和思想,认识到自己并且由此开始也深切地认识到别人的思想感情。"而这种哲学的反省和艺术的体验,又何尝不是通达情商的、关乎自我感知和社会感知的正途?

在这一点上,情商和哲学与艺术相见恨晚。情商是需要被置于一种人文关怀下的,是需要哲学和艺术的滋养生长的。

我并不很能理解,当一个人打心眼里把一大堆活生生的人泛化成一两个标签,满心满眼都是"智商高的人情商都有问题、有钱人过得都不幸、才华横溢的人都不得志",把那些人和人生气勃勃的互动都用捕风捉影、老僵尸式的"经验、秘诀"去一言以蔽之,还要强行速成情商,好混出风生水起,这样的结果很难不会一地鸡毛。

我还记得电影《天国王朝》里,12世纪伊斯兰领袖萨拉丁攻克圣城耶路撒冷,守城的基督徒问他耶路撒冷意味着什么,萨拉丁说:"Nothing! Everything!(一文不值!无价之宝!)"

一文不值,无价之宝

人文啊哲学艺术什么的,一文不值就不多说了,那无价之宝又在哪里呢?古往今来的标准答案是"腹有诗书气自华",但又过于缥缈。我私以为无价之一就在人文能提升情商。在这本书的框架里,情商的本质是共情,而人文对情商的提升则是借助对共情能力的强化来实现的。我很喜欢把"情商"这个概念最初带到这个世界上的人、耶鲁校长沙洛维对艺术和情商关系的捕捉:"艺术为我们提供了一个**安全的**体验情感和人间百态的途径,而这种充实的情感体验是情商不可或缺的。"

这就是乔治·马丁所说的"A reader lives a thousand lives before he dies, the man who never reads lives only one"(读书的人一生能体验千种人生,不读书的人只度过自己的一生)。艺术家大多以掏空自己甚至毁灭自己来用文字、音韵、意象打败时间。艺术时常虚构,也正是因为有了虚构的幌子,艺术家才能尽情地把真实的故事讲出来。"假作真时真亦假,无到有时有还无。"

托尔斯泰写《战争与和平》,把自己性情的两面灌注于安德烈公爵和皮埃尔之上。福楼拜说他自己就是包法利夫人。司汤达写《红与黑》,把自己泡不到妞的幻觉都灌注到于连身上去了。《高老头》写得好看,一方面是巴尔扎克见的人多,观察也仔细;另一方面是书里的高里奥、伏脱冷和拉斯蒂涅,是他自己性格的三面在互相对话罢了。

勃拉姆斯作品的整体情感晦涩,有如迷雾,美却不分明,曲式也复古而稳健。唯有那首早年的 C 小调钢琴四重奏,青春明快,又有苦痛的激情,好像他早年短暂的青春和无果的恋情。克拉拉去世后,神志不清的勃拉姆斯坐火车去法兰克福参加葬礼,却坐反了方向,赶了十四个小时才赶到,一如那个夏天少年时代的勃拉姆斯坐着火车想要离开杜塞尔多夫,离开舒曼夫人克拉拉,最后又折回来一样,好像一辈子都没有找对方向。莫扎特常给人以不懂世俗的天才的印象,评价起同行来直来直去,连约瑟夫皇帝给他提意见,他也敢顶嘴,时间一长得罪了不少人。而莫扎特的歌剧让我们认识到他其实是了解世俗的。歌剧《女人心》,在剧情步步为营的进展中,人物的互动和情感渐渐变得复杂起来,在这场人造喜剧中,缺乏经验的贵族淑女们上了恋爱的第一课,发现了自己的感情。

也正因为如此,很多热爱艺术的人,对人性的理解抑或尊重可至虚怀若谷,将心比心达到淋漓尽致,但同时对个性的认同度又锲而不舍。我们来到这个世界上注定会被发现、误会、轻视、理解、尊重,可我们越了解人性的多样性,就越珍惜难得的共性,越玩味有趣的个性,在"非我族类"中寻觅"和而不同",在形成价值观时变得广博而不偏颇。

在人文世界逛一圈会发现,少年成诗的有方仲永,然后泯然众人;少年成诗也有骆宾王,后来流传千古。屡试不中的有蒲松龄,后大器晚成著书传世;屡试不中的还有孔乙己,只能沦为笑柄了。一圈看下来,如果心智不是异常愚钝,一个人至少能做到不会一见到别人少年得志就认定人家是方仲永,一想到自己老大不成器就觉得自己是蒲松龄。这样的人,我也不想这么说,但常被称作二百五。

不那么戏谑的话,《安娜·卡列尼娜》说白了就是一个女人出轨丢夫弃子的故事。哦,伤风败俗。但因为还有那些安娜的内心的斗争与拉扯,这不再是一个简单的出轨故事。面对丈夫,她难道没有羞愧吗?有的,她时时都在饱受内心的煎熬。面对儿子,难道她不曾痛苦吗?她每时每刻都在为儿子揪心,都在为儿子祈祷。对安娜最大的折磨莫过于她选择了爱情的同时,也选择了背叛上帝,所以她认为儿子所遭受的病痛都是上帝对她的惩罚,能有什么会比一个母亲看着儿子为自己受苦更剜心的事?那她为什么要出轨?因为这桩婚姻不是自由的选择,遇到渥伦斯基之前她不曾见到爱情、尝到爱情,在爱情即将湮灭的时候她选择了在最初遇见的地方卧轨。读者还忍苛责?

没有出过轨,但可以理解出轨者的内心挣扎,而事实上却不是所有女人的出轨都像安娜那么高尚。没有在两个女人之间徘徊,但你可以明白在红玫瑰与白玫瑰之中徘徊的心绪,而现实中也不是所有男人都像托马斯那么深邃。你没有为权势倾倒过,但你可以理解那些为权势死而后已的人的内心想法,但并不是所有的追权夺利者都似于连那般率真。高尚的、长情的、无私的人当然会赢得我们最大的敬意,但那些犹疑的、中途放弃的、瞻前顾后的人或许才是真实的人性写照:一面自卑、贪婪、自私、世俗而诡诈、对人性质疑,一面又去喜欢、去渴望、去扶持、渴望人群、憧憬爱;有时卑微无力,有时万丈光芒。

在人文的路上,我们未必会变得仁慈,但至少不会再热衷于审判。

喜怒哀乐有价值;愤怒与憎恨背后有故事和缘由,还有未解开的心结;原谅与宽恕不是因为认同,是因为理解人生而为人的不完美和缺憾。

1944年德军包围了列宁格勒,他们不接受任何形式的投降,誓言要把列宁格勒从地图上抹去,肖斯塔科维奇在这被围困的900天中写完第七交响曲。乐谱被装在轰炸机里空投到这座城市,但此时列宁格勒已经连一支管弦乐队都凑不齐了,乐手被担架抬过来,指挥也已经饿得站不住了,但他们在空袭和警报声里完成了首演。饥饿的人们从四面八方赶过来,对于围困和绝境中的列宁格勒人民来说,你永远没有办法估量这部交响曲的激励作用。

而我们的处境就比战争中更幸运吗?这里有或许有另一种背叛,或许更市侩、安逸、懒惰,浇风薄俗,娱乐至死,人类和人工智能做困兽犹斗的那一天也越来越近了。但是,就像机器人不会在梦中梦见电子羊一样,那些更需要情商的工作,那些更依靠人性、神性的创造,能,也只能留给那些"成其为人"的人。

我们或许比在任何时候都更需要人文。

后　记

我一度以为我是写不了书的,自始至终都体会不了"上帝抓起我的手,在键盘上燃起篝火,噼啪作响"的感觉。

但又忍不住,就像前言里说的那样,忍受不了那些鲜活的思考和语言,隐匿在被阳光长时间炽烤,但雨露迟迟没有到来的干渴焦躁的草丛。

这本书写作耗时半年,可是掐头去尾只用两个月不到,还是在毕业考试前夕的复习月,但构思又能追溯到高中时代。时间是个有趣的东西。

写作的绝大部分在伦敦完成。前言写在除夕,但并不是什么浪漫的事。当时伦敦暴雪封城,我弹尽粮绝地待在家里用写作消磨时间。两个月之后气温直逼盛夏,我一度以为我要眼睁睁地在键盘前送走春天。当然也不总是这么水深火热,比如审稿、校对的时候我在摩泽尔河边,那里有世界上最好的雷司令。

被说自以为是、故作高深是逃不了的。我也是担心,但这次我站在批判者这一边,担心内容本身。于是我定了一个小目标,二十年后再回头看只要不觉得幼稚就满足,cliché(陈旧)都没关系。我有信心。剩下的就是他强任他强,山鸡斗凤凰。

这是我的第一本书,不过既然我既不愿意当作家,又没有天赋做学问,所以估摸着这辈子只能出这一本书了。所以我很喜欢它,也希望各位读者能喜欢。

尝试用文字打败时间。

欢喜欢喜。

2018年7月

写于香港